cadres et moulures

PROJETS ÉTAPE PAR ÉTAPE

MODUS VIVENDI

© **2003 Creative Homeowner,** une division de
Federal Marketing Upper Saddle River NJ
Paru sous le titre original de : Trim

LES PUBLICATIONS MODUS VIVENDI INC.
5150, boul. Saint-Laurent, 1er étage
Montréal (Québec)
Canada
H2T 1R8

Design de la couverture : Marc Alain
Infographie : Modus Vivendi
Traduction : Marielle Gaudreault

Dépôt légal : 1er trimestre 2004
Bibliothèque nationale du Québec
Bibliothèque nationale du Canada
Bibliothèque nationale de Paris

ISBN : 2-89523-228-8

Avant d'amorcer un projet, familiarisez-vous avec les instructions des fabricants d'outils, d'équipement et de matériaux. Bien que nous ayons pris toutes les précautions possibles pour assurer l'exactitude du contenu de ce livre, ni l'auteur ni l'éditeur ne sont responsables d'une interprétation erronée des conseils prodigués ici, ou de leur application fautive, ou d'erreurs dues à la typographie.

Nous reconnaissons l'aide financière du gouvernement du Canada par l'entremise du Programme d'aide au développement de l'industrie de l'édition (PADIÉ) pour nos activités d'édition.
Gouvernement du Québec — Programme de crédit d'impôt pour l'édition de livres — Gestion SODEC

Équivalences

Longueur

1 pouce	25,4 mm
1 pied	0,30 m
1 verge	0,91 m
1 mille	1,61 km

Surface

1 pouce carré	645 mm^2
1 pied carré	0,093 m^2
1 verge carrée	0,84 m^2
1 acre	4047 m^2
1 mille carré	2,59 km^2

Volume

1 pouce cube	16 cm^3
1 pied cube	0,03 m^3
1 verge cube	0,77 m^3

Dimensions du bois d'œuvre

1 X 2	19 X 38 mm
1 X 4	19 X 89 mm
2 X 2	38 X 38 mm
2 X 4	38 X 89 mm
2 X 6	38 X 140 mm
2 X 8	38 X 184 mm
2 X 10	38 X 235 mm
2 X 12	38 X 286 mm

Dimensions de panneaux de bois

4 X 8 pi	120 X 240 cm
4 X 10 pi	120 X 300 cm

Épaisseurs de panneaux

1/4 po	6 mm
3/8 po	9 mm
1/2 po	12 mm
3/4 po	19 mm

Espacement centre à centre (CAC) des poteaux/solives

16 po	40 cm
24 po	60 cm

Capacités

1 once	29,6 mL
1 pinte	1,14 L
1 gallon (U.S.)	3,8 L

Crédits Photographiques

page 1: Gary David Gold, CH **page 3:** gracieuseté de Style Solutions; *haut milieu, bas milieu et bas* Gary David Gold, CH **page 5:** *haut gauche* courtoisie de Style Solutions; *haut milieu* Mark Lohman; *haut droite* gracieuseté de Georgia-Pacific; *bas droite* gracieuseté de Springs Window Fashions *et* Nanik Shutters; *bas gauche* Mark Lohman **page 21:** *tout* Gary David Gold, CH **page 29:** *haut gauche* Gary David Gold, CH; *haut droite* gracieuseté de York Wallcoverings; *bas droite* Gary David Gold, CH; *bas gauche* www.davidduncanlivingston.com **page 53:** *haut gauche, haut milieu, bas droite et bas gauche* Gary David Gold, CH; *haut droite* gracieuseté de Style Solutions **page 71:** *haut gauche* Mark Lohman; *haut droite, bas droite et bas gauche* Gary David Gold, CH

Table des matières

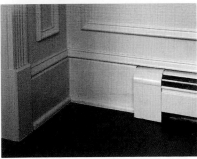

La sécurité avant tout

Même si les méthodes et les plans décrits dans ce livre ont tous été vérifiés sur le plan de la sécurité, on ne peut trop insister sur l'importance de toujours suivre les recommandations en la matière. Les conseils qui suivent sont des rappels de ce qu'il faut faire et de ce qu'il ne faut pas faire en menuiserie et, bien sûr, rien ne remplace le simple bon sens.

- *Toujours* faire preuve de prudence, de soin et de discernement en appliquant les procédures décrites dans ce livre.

- *Toujours* s'assurer que l'installation électrique est sûre ; vérifier que le circuit n'est pas surchargé et que tous les outils et installations électriques sont convenablement mis à la terre. Ne pas utiliser d'outils électriques dans des endroits humides.

- *Toujours* lire les étiquettes sur les contenants de peinture, solvants et autres produits ; veiller à ce que la pièce soit bien aérée ; et se conformer à toutes les mises en garde.

- *Toujours* lire les consignes du fabricant avant d'utiliser un outil, et tout spécialement ses mises en garde.

- *Toujours* utiliser les protège-lames et les poussoirs dans la mesure du possible en travaillant avec une scie électrique sur pied. Éviter si possible de couper de petits bouts de bois.

- *Toujours* retirer la clé du mandrin de toute perceuse avant de l'utiliser.

- *Toujours* penser à ce que vous êtes en train de faire pour éviter toute distraction pouvant causer un accident.

- *Toujours* connaître les limites de vos outils. Ne pas tenter de faire des choses pour lesquelles ces outils ne sont pas conçus.

- *Toujours* s'assurer que tous les dispositifs de réglage de l'outil sont verrouillés avant usage. Par exemple, avant d'utiliser une scie électrique sur pied, toujours verrouiller le réglage du guide de refente ou le contrôle d'inclinaison s'il s'agit d'une scie portative.

- *Toujours* fixer solidement les petites pièces sur la surface de travail avant d'utiliser un outil électrique.

- *Toujours* porter des gants de travail ou de caoutchouc pour manipuler des produits chimiques, pour transporter du bois ou pour faire de gros travaux de construction.

- *Toujours* porter un masque jetable pour scier ou poncer. Utiliser un respirateur spécial qui vous protègera contre les vapeurs toxiques de certains solvants et autres substances.

- *Toujours* porter des lunettes de sécurité, tout spécialement lorsque vous utilisez des outils électriques ou que vous frappez du métal contre du métal ou du béton ; lorsque vous cassez du béton, par exemple, un éclat peut facilement se ficher dans votre œil.

- *Toujours* être conscient que, lorsque vous perdez la maîtrise d'un outil électrique, vos réflexes ne seront probablement jamais assez vifs pour empêcher le pire. Un accident est si vite arrivé. Soyez *vigilant* !

- *Toujours* tenir vos mains éloignées des lames, couteaux et autres objets coupants.

- *Toujours* tenir fermement une scie circulaire, avec les deux mains, ce qui évite toute mauvaise surprise.

- *Toujours* utiliser une perceuse dotée d'un manche auxiliaire pour assurer la maîtrise du mouvement lorsque des embouts plus volumineux sont requis.

- *Toujours* consulter les codes du bâtiment en vigueur avant d'entreprendre des travaux. Ces codes ont été pensés pour protéger le public et doivent être observés à la lettre.

- Ne *jamais* travailler avec des outils électriques si vous êtes fatigué ou sous l'influence de l'alcool ou de médicaments.

- Ne *jamais* couper de petits bouts de bois ou de tuyau avec une scie circulaire. Couper les petits morceaux à partir de pièces de plus grandes dimensions.

- Ne *jamais* remplacer une lame, une mèche ou une fraise sans vous assurer que le fil de l'outil est débranché. Ne vous fiez pas au fait que l'interrupteur est en mode arrêt, vous pourriez accidentellement le remettre en marche.

- Ne *jamais* travailler sous un éclairage insuffisant.

- Ne *jamais* travailler en portant des vêtements amples, des bijoux, les cheveux détachés, les poignets de chemise détachés.

- Ne *jamais* utiliser des outils émoussés. Faites-les affûter ou apprenez à le faire vous-même.

- Ne *jamais* utiliser un outil électrique sur un objet, gros ou petit, qui n'est pas solidement fixé.

- Ne *jamais* scier une pièce qui excède les dimensions du socle de la scie sans vous assurer que ses extrémités disposent d'un appui solide de part et d'autre ; sinon, la pièce peut plier, basculer et enrayer la lame.

- Ne *jamais* soutenir une pièce à couper avec votre jambe ou toute autre partie de votre corps lorsque vous sciez.

- Ne *jamais* avoir dans vos poches d'outils pointus ou coupants comme un poinçon ou un ciseau à bois. Si vous tenez à transporter de tels outils, utilisez une ceinture prévue à cet effet, avec des ganses et des poches en cuir.

choisir les boiseries

Les boiseries décoratives

Les boiseries sont offertes dans une vaste gamme de formes, de tailles et d'essences de bois. Vous constaterez que l'on utilise indifféremment les mots « boiserie » et « moulure ». Le terme « boiserie » est le terme général utilisé pour désigner, dans une maison, tout bois qui ne fait pas partie de la charpente ; les plinthes, les cadres, les corniches, les cimaises appartiennent à cette catégorie. Les professionnels qui installent traditionnellement ce matériel sont les menuisiers de finition. Le terme « moulure » fait référence aux bandes de matériaux, habituellement du bois, qui ont été coupées, profilées ou ciselées de façon à obtenir un effet décoratif. Les moulures vont du simple quart-de-rond aux corniches les plus élaborées.

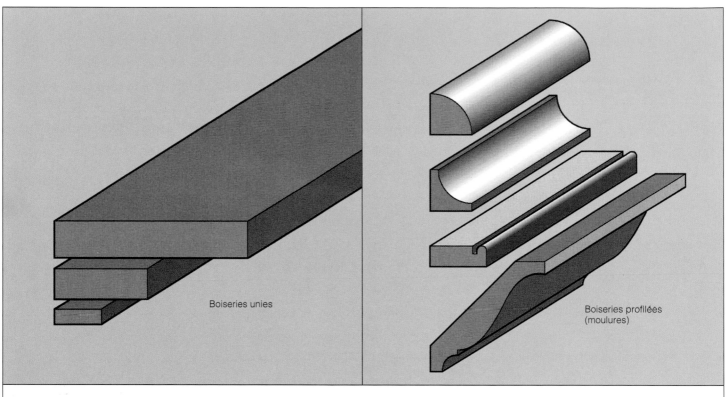

Boiseries unies

Boiseries profilées (moulures)

Les boiseries décoratives. Les boiseries se déclinent en une infinité de modèles.

Clouer une boiserie au mur

Il existe une telle profusion de profils et d'épaisseurs de boiseries qu'il est difficile de faire des recommandations, en matière de clouage, qui soient universelles. En général, les clous doivent traverser le cadrage. Ce qui signifie qu'un clou doit être assez long pour passer à la fois à travers la moulure, le mur de gypse ou de plâtre pour s'ancrer dans un montant de la charpente. Pour les moulures extérieures, on doit utiliser des clous galvanisés ; à l'intérieur, les clous en acier non galvanisé sont recommandés. Pour installer des moulures de grande dimension – corniche, gorge, plinthe ou cimaise –, planter deux clous de finition dans chaque montant. L'un des clous devrait être à environ 1 cm (1/2 po) du bord inférieur, l'autre, à 1 cm (1/2 po) du bord supérieur de la moulure. Les petites moulures comme le quart-de-rond n'ont besoin que d'un clou par montant. C'est une bonne idée d'avoir en réserve des clous de finition 4d, 6d et 8d. Avant d'installer la moulure, il est préférable d'avoir percé préalablement des trous à ses extrémités pour empêcher le bois de fendre et faire en sorte que le clou aille bien où vous voulez qu'il se loge. Utiliser une mèche de 5/64 po pour les clous 4d, une mèche de 3/32 po pour les clous 6d et une mèche de 7/64 po pour les clous 8d.

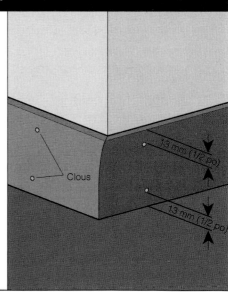

Clous

13 mm (1/2 po)

13 mm (1/2 po)

Le rôle des boiseries

Pour agencer les boiseries au décor de votre maison, vous devrez prendre en compte certains détails décoratifs et pratiques. Même si les boiseries sont le plus souvent utilisées dans un but décoratif, elles comportent aussi un aspect fonctionnel certain. En fait, les boiseries peuvent être essentielles pour préserver l'intégrité structurale d'une maison en bloquant le passage de l'eau ou en protégeant une surface contre le frottement.

Utilisées comme barrière. Les boiseries autour de l'extérieur d'une fenêtre ou d'une porte, par exemple, comblent l'interstice qui existe entre le chambranle et le revêtement, empêchant ainsi l'eau de pénétrer,

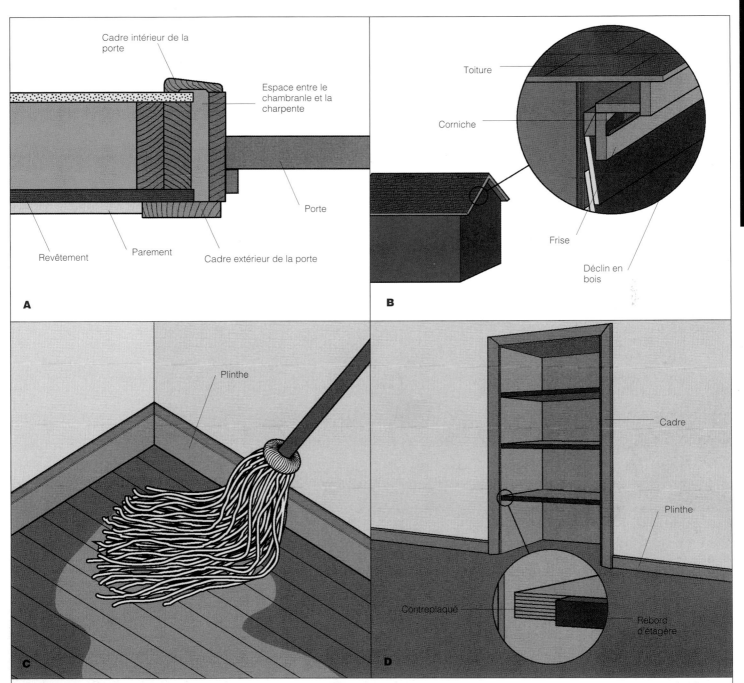

Utilisées comme barrière. (A) La boiserie ou moulure est souvent utilisée pour couvrir l'inévitable interstice qui apparaît à l'endroit où se rencontrent deux ou plusieurs matériaux. Le cadre de porte et le cadre de fenêtre en sont les meilleurs exemples. **(B)** Ce détail de corniche et de frise montre bien comment une moulure peut être à la fois fonctionnelle et décorative. **(C)** La raison pour laquelle les plinthes sont utilisées pour protéger la partie inférieure des murs devient évidente lorsque l'on sait qu'en anglais, on nomme cette moulure « protège-vadrouille » (*mopboard*). **(D)** Le contreplaqué est un bon matériau pour faire des tablettes, mais les couches exposées s'abîmeraient très rapidement si elles n'étaient pas recouvertes d'une solide bordure de bois.

tandis que la moulure de l'avant-toit ferme l'espace situé entre le toit et le mur. À l'intérieur de la maison, les plinthes protègent (page suivante) les murs, tout comme la moulure d'étagère protège les bords des tablettes.

Utilisées comme camouflage. Les boiseries peuvent réduire les problèmes causés par le mouvement naturel du bois. Le bois est intrinsèquement un matériau instable ; soumis à l'eau et à l'humidité, il gonfle ; puis se il contractera sous l'effet de la chaleur et du temps sec. Avec le temps, ce mouvement forme des interstices qui, en plus d'être inesthétiques, favorisent l'accumulation de débris et de poussière. Poser une moulure n'empêchera pas le bois de travailler, mais pourra aider à limiter les problèmes subséquents.

Utilisées comme éléments décoratifs. Les boiseries, lorsqu'elles sont appliquées sur une porte unie, par exemple, donnent un motif et un relief qui rehaussent l'apparence de cette porte. Une corniche qui orne la jonction entre le mur et le plafond attire irrésistiblement l'œil vers le haut, comme le ferait le pinacle d'une église.

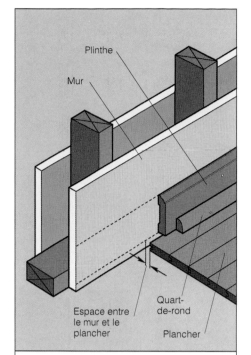

Utilisées comme camouflage. Poser les lattes du plancher en laissant un espace entre le mur et la dernière latte pour permettre au bois de travailler. On clouera la plinthe et le quart-de-rond dans le mur, alors que le plancher de bois pourra bouger.

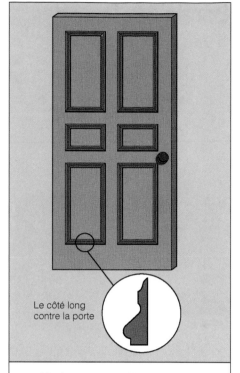

Utilisées comme éléments décoratifs. Une porte unie peu onéreuse peut être transformée avec des moulures et de l'imagination. Les moulures, ici, reproduisent l'effet d'une porte à panneaux.

Ajout de boiserie

Les boiseries se retrouvent à tous les endroits d'une maison, tant à l'intérieur qu'à l'extérieur. Elles ajoutent élégance et raffinement, mais elles ne sont pas uniquement décoratives. On utilise souvent les boiseries pour cacher le jeu qui apparaît inévitablement **(A)** entre des matériaux enclins à se gonfler ou à se rétracter selon les saisons, ou **(B)** entre deux matériaux dissemblables.

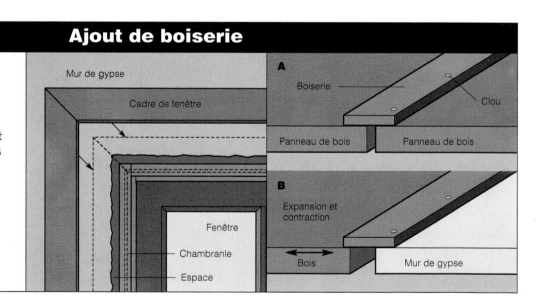

Principes d'agencement

Les boiseries existent dans une telle panoplie de tailles et de formes qu'elles peuvent être combinées à l'infini. Voici quelques conseils pour choisir des motifs et des découpes.

S'en tenir à un seul style. Il existe très peu de pièces qui peuvent supporter un cocktail de différents styles de moulures, alors choisissez un style et un seul. Si vous devez ajouter des moulures à une pièce qui en comporte déjà, elles doivent être semblables ou assorties. Apportez quelques échantillons au magasin pour faciliter votre choix – vous pourrez peut-être en trouver quelques longueurs dans votre grenier ou votre garage. Si vous voulez combiner différents styles, assurez-vous que les formes sont compatibles.

Attention aux intersections. Toutes les pièces comportent des endroits où les différents éléments de boiseries ou de moulures se rencontreront, comme la plinthe rencontrera un cadre de porte, par exemple. L'épaisseur et la largeur détermineront si cette rencontre est harmonieuse ou non. Avant de choisir vos moulures, demandez des

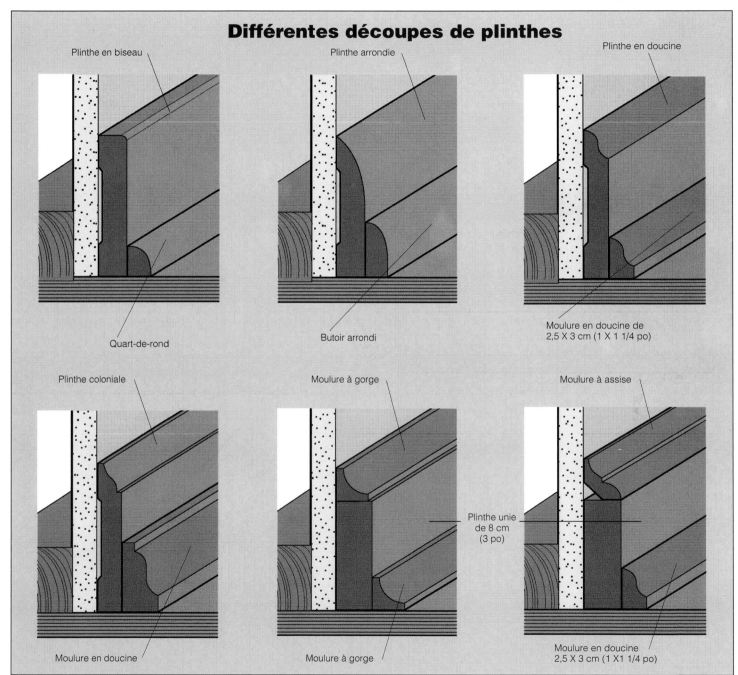

Différentes découpes de plinthes

Plinthe en biseau

Quart-de-rond

Plinthe arrondie

Butoir arrondi

Plinthe en doucine

Moulure en doucine de 2,5 X 3 cm (1 X 1 1/4 po)

Plinthe coloniale

Moulure en doucine

Moulure à gorge

Moulure à gorge

Moulure à assise

Plinthe unie de 8 cm (3 po)

Moulure en doucine 2,5 X 3 cm (1 X1 1/4 po)

S'en tenir à un seul style. Même si ces plinthes ont été construites à partir d'éléments disparates, les profils que forment ces éléments se marient bien ensemble.

échantillons (des petits morceaux suffiront) pour que vous puissiez tester les intersections à l'avance.

Penser « finition » avant la fin.
Teindre une boiserie la met souvent en valeur ; la peindre de la même couleur que les surfaces environnantes l'aide à se fondre dans le décor. Une boiserie peinte de couleur contrastante avec les surfaces environnantes met l'accent sur sa ligne. Peindre les boiseries accorde une plus grande marge d'erreur ; vous pouvez par exemple boucher les petites crevasses avant de peindre. Une boiserie teinte ou vernie, par contre, laissera ressortir le moindre de ses défauts.

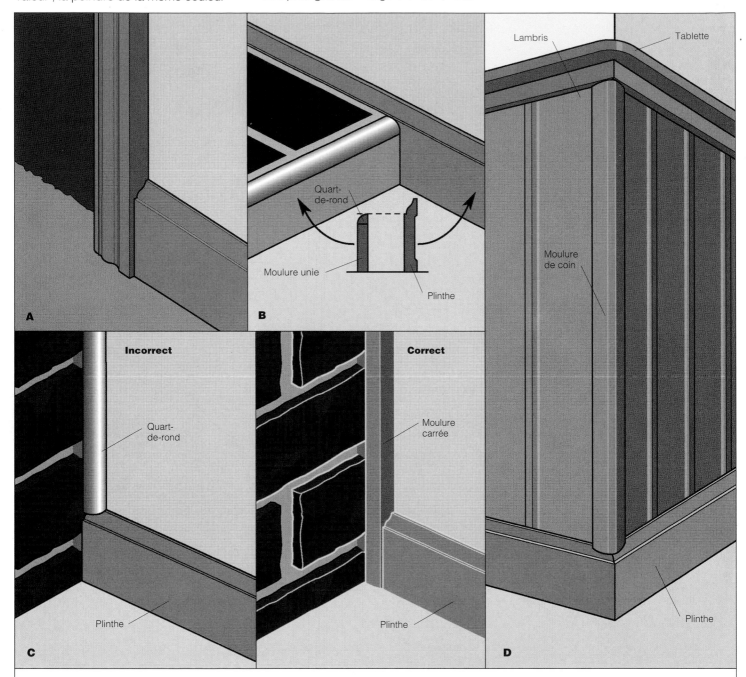

Attention aux intersections. (A) Nous voyons ici que le bord extérieur du cadre de la porte est plus épais que la plinthe, une combinaison souhaitable. Si l'inverse était vrai, le grain de la plinthe serait alors exposé et l'ensemble formerait un détail plutôt maladroit. **(B)** Dans cet exemple, la moulure unie surmontée d'un quart-de-rond pour ceinturer la plate-forme d'un poêle à bois s'intègre joliment à la plinthe. Si, au lieu d'un quart-de-rond, on avait utilisé une moulure en doucine, l'effet aurait peut-être été encore plus harmonieux. **(C)** Ces deux moulures ne vont vraiment pas ensemble. Une meilleure solution serait de poser une moulure carrée le long du foyer jusqu'au plancher et ensuite d'abouter la plinthe. **(D)** La rencontre de la cimaise du lambris et de la moulure de coin est tolérable, mais la rencontre avec la plinthe, à un endroit très visible, est beaucoup plus problématique.

Éviter les poses problématiques.
Lorsqu'il faut installer des boiseries dans des angles difficiles comme des plafonds en pente, le travail vient de se compliquer en un rien de temps – vous devrez faire des coupes à angles complexes et très délicates. Même si vous y arrivez, le résultat ne sera peut-être pas tout à fait ce que vous espériez ; il vaut donc mieux reporter vos efforts sur une autre partie de la pièce.

S'inspirer des classiques. Les constructeurs de la Grèce antique (source d'inspiration d'un grand nombre de découpes modernes) avaient compris que les moulures décoratives avaient meilleure apparence vues de face, de telle sorte que les ombres n'obscurcissent pas les reliefs.

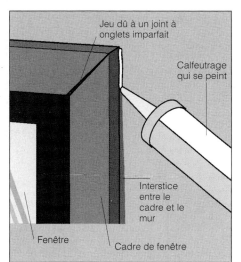

Jeu dû à un joint à onglets imparfait

Calfeutrage qui se peint

Interstice entre le cadre et le mur

Fenêtre

Cadre de fenêtre

Penser « finition » avant la fin.
Utilisez un calfeutrage qui se peint pour cacher tous les interstices dans la moulure que vous comptez peindre – ce qui est particulièrement utile lorsque vous posez une boiserie sur un mur qui n'est pas parfaitement égal.

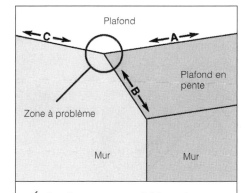

Plafond

C

A

B

Plafond en pente

Zone à problème

Mur

Mur

Éviter les poses problématiques.
Il est préférable de ne pas poser de boiseries dans une intersection comme celle-ci. Les plans inclinés du plafond rendent la tâche d'installer une corniche assez laborieuse. La corniche ne pourrait suivre la ligne « A » du plafond parce que l'angle obtus du plafond de la ligne « B » rendrait bizarre l'intersection avec la moulure suivant la ligne « C ».

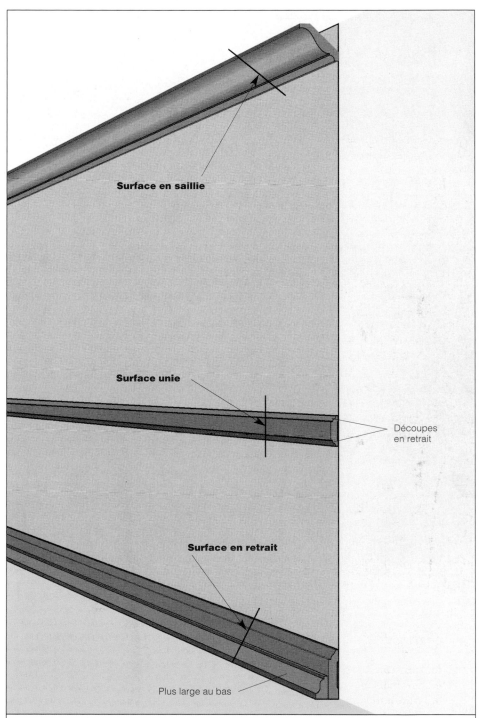

Surface en saillie

Surface unie

Découpes en retrait

Surface en retrait

Plus large au bas

S'inspirer des classiques. La boiserie doit paraître bien placée à l'œil d'une personne en position debout. Les moulures du haut sont généralement posées en saillie avec un angle en retrait vers le bas, tandis que celles du bas ont un profilé généralement plus large dans la partie inférieure que dans la partie supérieure.

Espèces et catégories de boiseries

Les boiseries sont offertes en plusieurs essences de bois tendre. Celles que l'on trouve le plus fréquemment sont le sapin, le pin, le sapin du Canada et l'épinette, quoique cela varie selon les régions. Le bois tendre est facile à couper, relativement peu coûteux ; de plus, il convient à la pose en extérieur et s'achète déjà teint ou peint. Quant au bois dur, la plupart des marchands de bois et des centres spécialisés n'en vendent qu'une seule essence, le chêne. Le chêne est plus difficile à travailler et il est considérablement plus coûteux que tous les bois tendres. Il est cependant plus beau. On l'utilise rarement pour les boiseries extérieures, et on le trouve en général dans les maisons, soit verni ou teint.

La catégorie sert à distinguer une pièce de bois d'une autre tant sur le plan de la qualité que de l'usage que l'on projette d'en faire. La catégorie influence aussi le prix du bois. Afin de bien gérer le budget alloué, il est préférable d'acheter la catégorie de bois qui convient aux travaux que vous voulez entreprendre. Acheter un bois de qualité supérieure serait alors une dépense inutile.

Les termes utilisés pour décrire ces catégories de bois diffèrent souvent selon les régions. S'y retrouver se révèle être un exercice assez compliqué. En général, toutefois, les catégories de boiseries s'organisent selon l'apparence du bois et les usages en fonction de l'effet recherché. Chaque catégorie se subdivise ensuite en une multitude de sous-catégories. La catégorie selon l'apparence convient pour choisir des boiseries au fini de haute qualité, particulièrement pour l'intérieur (bien que vous puissiez acheter des planches ordinaires qui feraient également l'affaire). En outre, vous verrez peut-être des boiseries qui portent la mention S4S, de l'anglais *surfaced four sides*. Ce qui signifie que les deux faces et les deux tranches ont été aplanies.

Le genre de boiseries que vous trouvez dans la plupart des centres de bricolage sont divisées en deux catégories : sélecte ou jointée. Les boiseries de

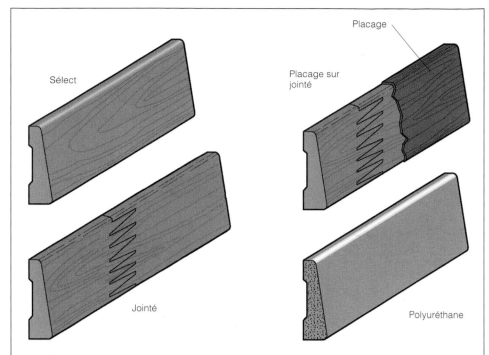

Espèces et catégories de boiseries. Les boiseries de catégorie sélecte et jointée sont généralement offertes sur le marché ; les boiseries plaquées sont offertes dans certaines régions seulement. Les boiseries en polyuréthane sont de plus en plus populaires et constituent une bonne solution de remplacement pour le bois.

catégorie sélecte sont faites de bois massif de première qualité en une seule section et qui possède très peu de défauts visibles à l'œil nu. Les boiseries jointées sont un assemblage de petites longueurs de bois fixées bout à bout à l'aide de colle et de joints emboîtés. Ces pièces de bois reconstituées sont quelquefois appelées pièces en doigts de gants, d'après la méthode d'assemblage utilisée pour les joindre. Elles sont de bonne qualité, mais leur grain et leur couleur varient considérablement. Ces différences ne se voient plus lorsque la pièce de bois est peinte, et rien ne la distingue plus alors d'une pièce de bois de qualité supérieure. Les pièces jointées sont évidemment beaucoup moins onéreuses que les pièces sélectes.

Il existe une autre catégorie de boiseries qu'il faut mentionner. Connues sous différentes appellations commerciales, il s'agit essentiellement des boiseries à assemblage en doigts de gants, recouvertes d'un placage de bois massif ou d'un vinyle imitation bois. Ces deux produits hybrides peuvent être travaillés avec les outils traditionnels de menuiserie et être cloués comme n'importe quelle autre

boiserie. Toutefois, il faut bien prendre garde de ne pas abîmer le placage durant l'installation.

Le bois n'est pas le seul matériau utilisé pour faire des moulures. Quelques centres spécialisés offrent des moulures entièrement faites de polyuréthane recouvertes d'un enduit qui peut se peindre. Ces moulures ont des découpes très détaillées, d'inspiration classique qu'il serait très difficile et très coûteux de reproduire en bois. Le polyuréthane est léger et très stable, et les coupes peuvent se faire à l'égoïne. On installe ces moulures à l'aide d'une colle du commerce et de quelques clous que l'on ajoute pendant que cette colle sèche, afin de consolider la pièce en place. Une fois peintes, ces moulures se distinguent difficilement de celles en bois. Les moulures de polyuréthane coûtent habituellement plus cher que les moulures de bois, mais elles prennent beaucoup moins de temps à installer. De surcroît, les découpes très détaillées en polyuréthane ne sont pas offertes telles quelles en bois.

Guide pour acheter des boiseries

Pour un projet d'une envergure relativement modeste – faire un cadre de fenêtre, par exemple –, tout ce que vous avez à faire est de vous rendre chez le marchand de bois, d'acheter une longueur ou deux de moulure, de revenir à la maison et de l'installer. Mais il n'en va pas de même pour les travaux de plus grande envergure, c'est-à-dire tous ceux qui peuvent requérir plinthes, cimaises, corniches, quarts-de-rond et cadres pour des portes ou des fenêtres. Vous obtiendrez un meilleur prix et vous vous épargnerez bien des pas en achetant toutes vos boiseries d'un coup. À cause des variations dans les différentes catégories de bois, vaut mieux visiter votre détaillant local avant de commander vos boiseries. Demandez à voir des échantillons des différentes catégories – beaucoup de commerçants gardent sous la main des échantillons justement dans ce but. Assurez-vous de décrire ce que vous voulez faire avec le bois, ainsi que le fini que vous avez l'intention d'avoir : les détaillants peuvent souvent vous suggérer des catégories moins onéreuses qui répondront à vos attentes.

Relever toute déformation. Les problèmes qui affectent le bois de charpente, comme la torsion ou le gauchissement, affectent beaucoup moins les boiseries. Et cela, parce que ces dernières sont séchées avec grand soin avant d'être transportées alors que le bois d'œuvre est souvent acheminé alors qu'il est « vert ». Toutefois, vous devez quand même examiner avec soin les longueurs de bois choisies pour déceler tout problème. Premièrement, regardez le bois dans toute sa longueur ; vous verrez facilement s'il est tordu ou gauchi. Habituellement, une boiserie légèrement gauchie ne pose pas vraiment de problème – le bois est suffisamment mince pour se redresser lorsque vous le clouerez en place. Ensuite, vérifiez que la boiserie n'est pas fendue et ne comporte pas d'autres défauts.

Choisir la planche. Comme les moulures sont offertes en longueurs de 2,5 mètres (8 pi) à 4 mètres (16 pi), une seule longueur sera probablement

Guide pour acheter les boiseries. Jauger la pièce de bois pour déceler toute déformation. Un léger gauchissement peut passer, mais toute torsion du bois causerait des problèmes à l'installation.

Étagère à bois

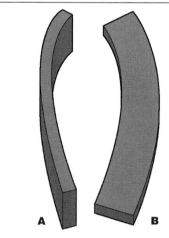

Relever toute déformation. Une planche de bois légèrement déformée en épaisseur **(A)** est toujours utilisable, mais une planche déformée sur sa largeur **(B)** sera problématique à la pose.

suffisante pour faire les boiseries d'une pièce donnée. Par contre, si votre budget est restreint, l'achat de plus petites longueurs revient parfois moins cher qu'une planche d'une longueur normale. Comme il arrive que les techniques d'usinage des boiseries laissent à désirer, vérifiez que les petites longueurs de boiseries que vous achetez sont de la même largeur et de la même épaisseur. Pour limiter ces problèmes, il vaut mieux acheter d'un coup toutes les boiseries nécessaires à la réalisation de votre projet. Même une très légère différence de largeur peut ruiner l'aspect d'un joint, par ailleurs bien fait.

Conseils d'entreposage

On ne soulignera jamais assez l'importance d'un bon entreposage. Les boiseries doivent toujours être entreposées à l'intérieur, de préférence dans la pièce même où elles doivent être installées – ce qui permet à la boiserie de s'acclimater au niveau d'humidité de la pièce. Gardez les boiseries à l'écart des murs de maçonnerie et jamais sur les planchers. Ces surfaces relaient une humidité malsaine provenant de l'extérieur vers l'intérieur de la maison, et qui peut causer des dommages irréversibles aux boiseries. Les boiseries tordues sont inutilisables et bonnes à jeter. Durant vos travaux, veillez à conserver toute longueur de boiserie qui excède 15 centimètres. Vous aurez souvent besoin de ces petits morceaux pour faire des expériences de coupe. De plus, ces morceaux s'avèrent utiles pour la confection de petites pièces appelées « retour biseauté » (voir « retour biseauté », page 33). S'il vous reste de ces pièces après avoir terminé vos travaux, conservez-les, elles pourraient vous servir si plus tard vous devez réparer vos boiseries.

Évaluer la quantité de boiseries. Les boiseries sont offertes en longueurs de 2,5 m (8 pi) à 4 m (16 pi) mais vous pouvez aussi les commander en plus petites longueurs si vous le demandez (mais vous aurez probablement à payer plus cher si le commerçant doit les tailler pour vous). Mesurez la quantité de boiseries qu'il vous faut et majorez d'environ 10 % pour compenser les pertes, et le tour sera joué. Acheter les plus grandes longueurs possible vous donnera toute la latitude nécessaire lorsque vous devrez tailler les boiseries. Pour connaître la longueur de boiserie dont vous avez besoin, mesurez le mur et arrondissez le chiffre. Par exemple, si vous avez un mur qui mesure 5 pi 6 po, vous aurez besoin d'une boiserie de 6 pi. Pour compenser les pertes, chaque boiserie d'un mur donné doit être plus longue que le mur qu'elle doit couvrir. Si le mur est à peu près aussi long que la longueur d'une moulure normale, achetez la longueur immédiatement supérieure. Ce qui signifie que vous aurez à acheter une longueur de boiserie de 8 pi pour un mur qui mesure presque 6 pi.

Les dimensions du bois d'œuvre. Le bois d'œuvre est offert dans les dimensions suivantes (voir la charte ci-dessous). Les dimensions nominales sont différentes des dimensions réelles.

Choisir la planche. Une différence de largeur entre deux longueurs de boiserie à cadrage posera un problème, même si le joint qui les relie est parfait. À gauche, la « corne » qui résulte d'une différence de largeur entre deux cadrages pourra être poncée. À droite, par contre, il n'y a pas grand-chose à faire pour dissimuler l'écart disgracieux.

Dimensions du bois d'œuvre

Dimensions nominales (po)	Dimensions réelles (po)
1 x 2	3/4 x 1 1/2
1 x 3	3/4 x 2 1/2
1 x 4	3/4 x 3 1/2
1 x 6	3/4 x 5 1/2
1 x 8	3/4 x 7 1/4
1 x 10	3/4 x 9 1/4
1 x 12	3/4 x 11 1/4

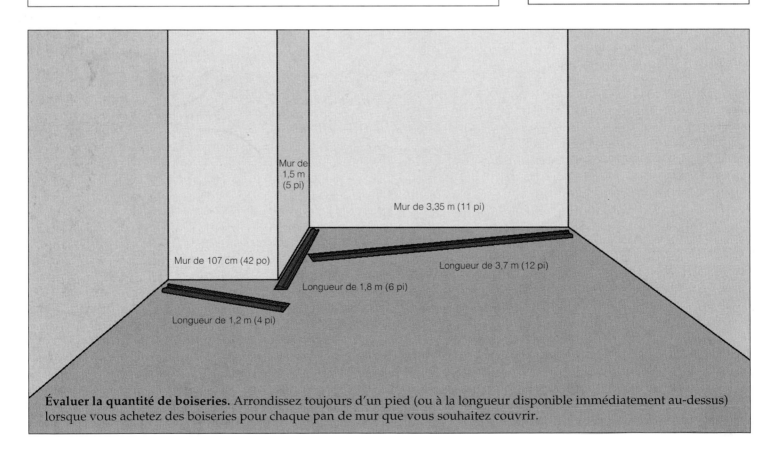

Mur de 1,5 m (5 pi)

Mur de 3,35 m (11 pi)

Mur de 107 cm (42 po)

Longueur de 3,7 m (12 pi)

Longueur de 1,8 m (6 pi)

Longueur de 1,2 m (4 pi)

Évaluer la quantité de boiseries. Arrondissez toujours d'un pied (ou à la longueur disponible immédiatement au-dessus) lorsque vous achetez des boiseries pour chaque pan de mur que vous souhaitez couvrir.

Types de boiseries

Vous constaterez que les étalages de boiseries sont bien fournis en boiseries de toutes les formes ou découpes de moulures, et que presque toutes se vendent en plusieurs dimensions.

Les plinthes. Les plinthes protègent la partie inférieure des murs et couvrent tout interstice entre le mur et le plancher. Les quarts-de-rond servent à cacher toute variation entre le plancher et la partie inférieure de la plinthe. Ils servent aussi à cacher les bords des carreaux de vinyle lorsque

ces derniers sont posés sans que la plinthe ait été préalablement enlevée.
Les corniches. Les gorges servent à couvrir les coins rentrants entre les lambris. On les utilise aussi comme ajout à une corniche. Les corniches sont employées pour rehausser l'apparence de la jonction entre les

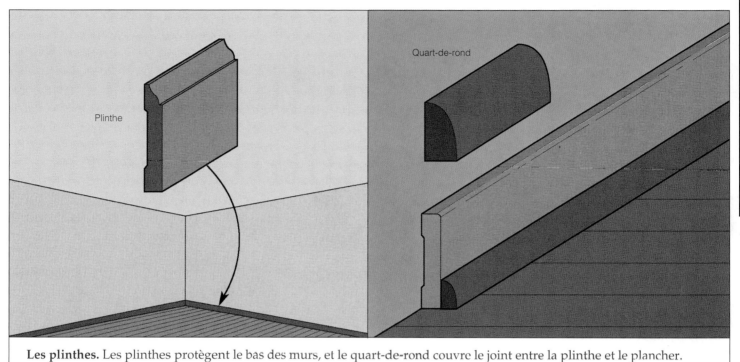

Les plinthes. Les plinthes protègent le bas des murs, et le quart-de-rond couvre le joint entre la plinthe et le plancher.

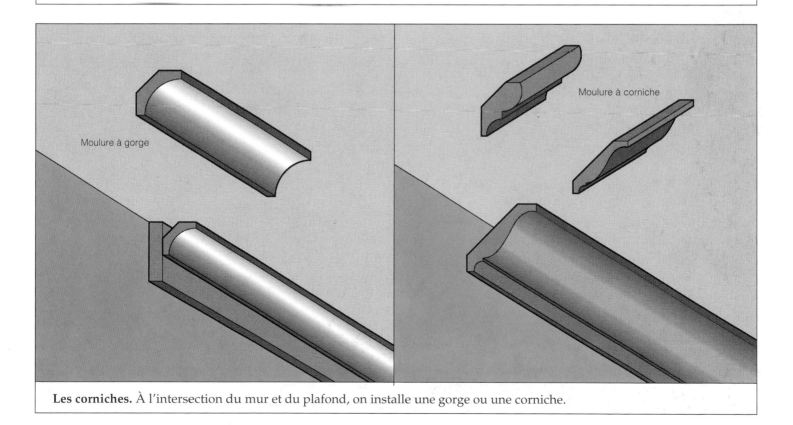

Les corniches. À l'intersection du mur et du plafond, on installe une gorge ou une corniche.

murs et le plafond.

Les cimaises. Les cimaises à lambris peuvent servir à couvrir le grain exposé des panneaux de bois lambrissés ou à coiffer le haut de panneaux unis. La cimaise à fauteuil est installée à une hauteur précise pour protéger le mur contre le frottement des dossiers de chaises ou de fauteuils. Elle sert aussi à couvrir les bordures des tapisseries qui font office de lambris. La cimaise à tableaux sert à installer des crochets métalliques pour suspendre des tableaux – ce qui évite d'avoir à percer des trous dans le mur. Les moulures de coin protègent les coins saillants des murs de gypse ou de plâtre dans les endroits où il existe beaucoup de va-et-vient.

Les cadrages. Les cadrages cachent l'interstice entre le chambranle et le mur attenant. Les types les plus courants de cadrage comprennent le

Les cimaises. (Haut) La cimaise à lambris et la cimaise à fauteuil sont souvent utilisées pour faire le pont entre deux matériaux différents sur un mur donné. (En bas, à gauche moulure de coin protège les coins vulnérables. (En bas, à droite) La cimaise à tableaux permet d'ajouter, de déplacer et d'enlever ces derniers sans avoir à percer des trous dans le mur.

style ranch, coquille de palourde et colonial. Le cadrage meneau est utilisé comme boiserie centrale entre deux ou plusieurs fenêtres rapprochées. Assurez-vous qu'il est compatible, en fait de style et d'épaisseur, avec le cadre de la fenêtre. Si vous ne trouvez pas de cadrage à votre goût, vous pouvez vous-même en agencer un en vous servant de boiseries unies. Même une simple découpe de 3 mm (1/8 po) de chaque côté d'une planche unie peut ajouter un détail qui se remarquera.

Autres. Les moulures de bord de porte peuvent être utilisées pour donner aux bords extérieurs d'un cadrage un profilé nettement plus décoratif. Elles peuvent aussi servir pour orner le haut d'une plinthe ou même pour encadrer de petits tableaux. La bordure d'étagère couvre les bords exposés d'une planche de contreplaqué ou d'aggloméré. C'est une façon économique de donner à ces matériaux l'allure du vrai bois.

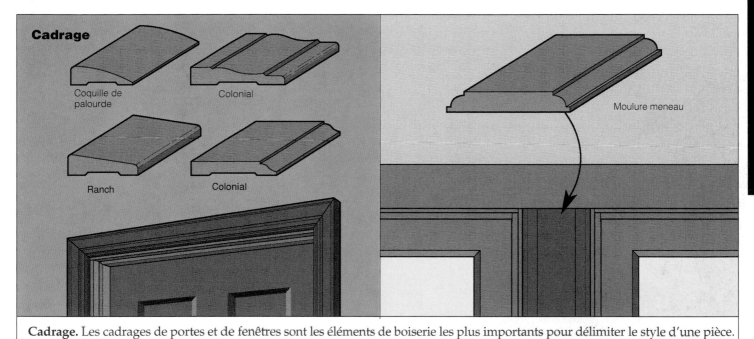

Cadrage. Les cadrages de portes et de fenêtres sont les éléments de boiserie les plus importants pour délimiter le style d'une pièce.

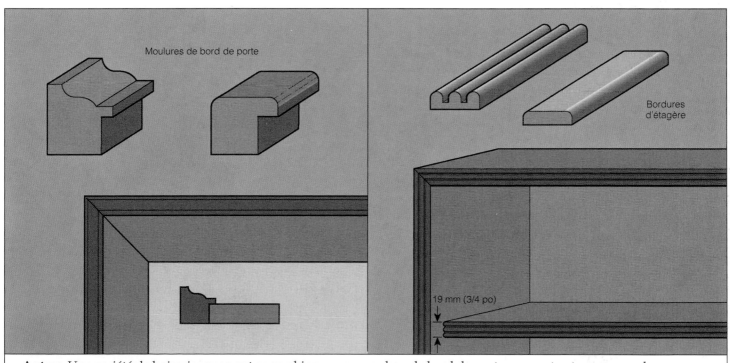

Autres. Une variété de boiseries peuvent se combiner – une moulure de bord de porte pouvant entourer un cadrage. Les bordures d'étagère peuvent aussi être employées pour rehausser l'apparence des cadrages.

Faire vos propres moulures

Votre détaillant en bois a probablement en stock toutes les découpes imaginables en bois tendre ou en chêne, mais si vous voulez des moulures en noyer ou en cerisier ou en toutes autres essences de bois dur, vous aurez beaucoup de difficulté à les trouver. Les teintures couleur cerisier ne ressemblent pas vraiment au bois de cerisier et la teinture « noyer » que vous appliquerez sur une moulure en chêne ne ressemblera jamais au grain du noyer. Pour obtenir des vraies boiseries de noyer, par exemple, vous devrez avoir recours à la défonceuse. Actuellement, il existe un très grand choix de fraises pour faire des centaines de découpes toutes plus décoratives les unes que les autres. Vous pouvez apposer une applique sur une planche et l'installer telle quelle. Vous pouvez aussi faire de fines moulures, enlever l'applique de la planche, reprendre la planche et faire de nouvelles moulures ; une même planche peut servir plusieurs fois. En variant la profondeur de la coupe et en combinant l'usage de différentes fraises, vous pourrez faire de nombreuses nouvelles découpes. Avant d'utiliser une défonceuse pour tailler une découpe donnée, assurez-vous de bien connaître la façon d'utiliser l'outil. Avec la défonceuse, attendez-vous à faire beaucoup de sciure et beaucoup de bruit : protégez vos yeux et vos oreilles. Les lames à pointes de carbure sont plus coûteuses que les lames d'acier, mais elles gardent leur mordant plus longtemps et font une coupe franche à travers n'importe quelle essence de bois.

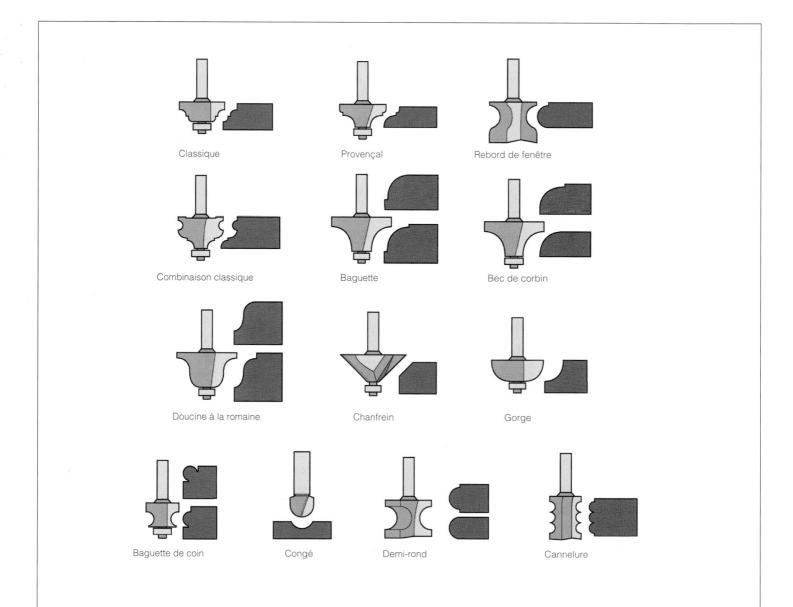

Classique

Provençal

Rebord de fenêtre

Combinaison classique

Baguette

Bec de corbin

Doucine à la romaine

Chanfrein

Gorge

Baguette de coin

Congé

Demi-rond

Cannelure

Faire vos propres moulures. Voici quelques-unes des fraises existantes et les découpes qu'elles produisent.

Couper des moulures sur mesure

1 Fixer solidement la planche. D'abord, examinez la planche pour y déceler toute fente, nœud ou autre défaut. Les petits nœuds ne causent habituellement pas de problème, mais il faut éviter les nœuds qui sont gros et se détachent de la planche. Arrimez toujours soigneusement la planche à une surface solide de façon à garder vos mains libres pour actionner la défonceuse.

2 Ajuster la profondeur de la coupe. Il faut ajuster la hauteur de la lame alors que la défonceuse repose sur la planche, débranchée. Ensuite, branchez la défonceuse et faites une coupe d'essai (si vous utilisez un bout de planche à jeter, assurez-vous qu'il a la même épaisseur que la planche que vous comptez utiliser).

3 Faire la coupe. La lame de la défonceuse va tourner dans le sens des aiguilles d'une montre. Guidez-la le long du bord de la planche tel qu'il est illustré ; la direction est importante. Expérimentez la vitesse : trop rapide et vous risquez d'abîmer la moulure ; trop lente et la lame risque de laisser des marques de brûlure sur le bois. Repasser plusieurs fois en exerçant une légère pression donne les meilleurs résultats : une coupe franche avec le minimum de brûlure.

4 Retirer la moulure. Si vous faites des moulures, coupez le bord que vous venez de faire, mettez-le de côté, puis recommencez une autre moulure sur le nouveau bord. Vous pouvez répéter l'opération aussi longtemps que vous pouvez toujours fixer solidement la planche et travailler en toute sécurité.

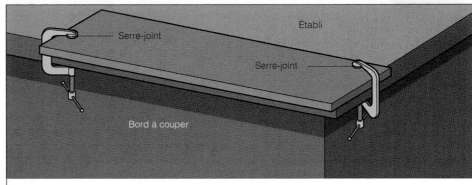

1 La planche doit être solidement fixée à l'établi à l'aide de serre-joints, installés à au moins deux endroits pour éviter que la planche ne glisse. Assurez-vous que les serre-joints n'empiètent pas sur le bord à couper, sinon elles interféreraient avec le travail de la défonceuse.

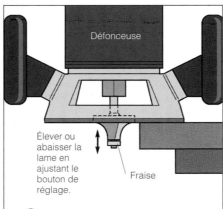

2 Vous aurez peut-être besoin d'ajuster la profondeur de la fraise plusieurs fois avant d'obtenir la coupe que vous désirez.

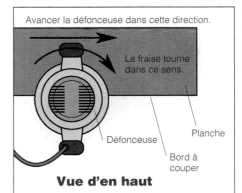

Vue d'en haut

3 Bouger la défonceuse tel qu'il est indiqué augmentera votre maîtrise et, par le fait même, la sécurité de l'opération.

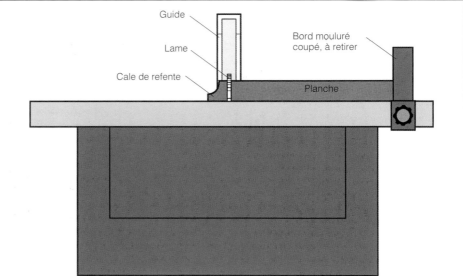

4 Coupez le bord mouluré en utilisant un établi. La façon la plus sûre est de placer le bord uni de la planche contre la cale de refente plutôt que de coïncer le bord mouluré, plus fragile, entre la lame et la cale de refente.

Assembler des moulures sur mesure

Si votre détaillant possède un bon choix, demandez-lui quelques bouts de moulures à jeter pour combiner différentes moulures ensemble.

Lorsque vous aurez trouvé un agencement qui vous plaît, achetez quelques longueurs de ces moulures et clouez-les une à une, ou encore agencez toutes les moulures ensemble et installez-les comme toute autre moulure simple. Une fois installée et

peinte, cette combinaison de moulure aura tout à fait l'apparence du bois solide. Demandez d'abord une estimation du prix avant d'entreprendre vos travaux. Une moulure simple peut être onéreuse et une moulure combinée encore davantage.

Corniche à moulures combinées

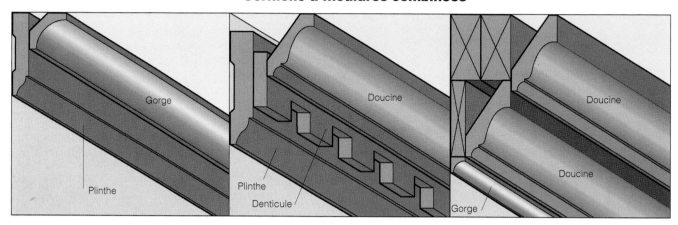

Cimaise à fauteuil combinée

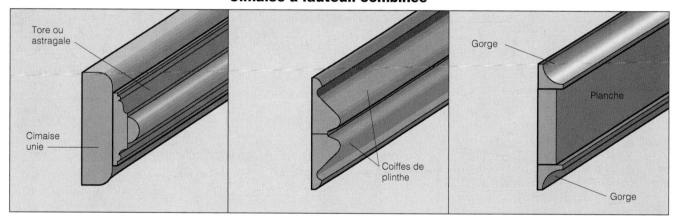

Cadrage combiné

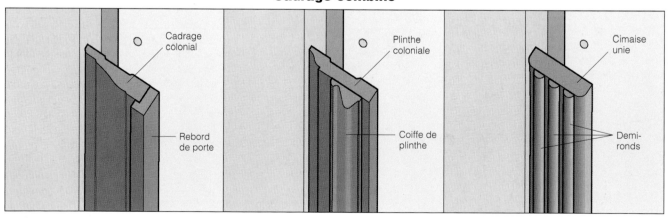

Assembler des moulures sur mesure. On peut créer des corniches, des cimaises et des cadrages sur mesure.

tout sur les outils

Les outils

Pour installer des boiseries, vous avez besoin de quelques outils de base. À tout le moins, vous aurez besoin d'un ruban à mesurer, d'un marteau, d'une égoïne, d'une boîte à onglets, de quelques boîtes de clous et d'un bon crayon à mine. Ces outils sont offferts partout et sont relativement peu coûteux.

Achetez des outils supplémentaires au fur et à mesure que le besoin s'en fait sentir. Les outils électriques peuvent améliorer la précision et la vitesse de votre travail. Par contre, les outils à la main sont amplement suffisants, surtout si vous n'installez qu'occasionnellement des boiseries.

Les outils

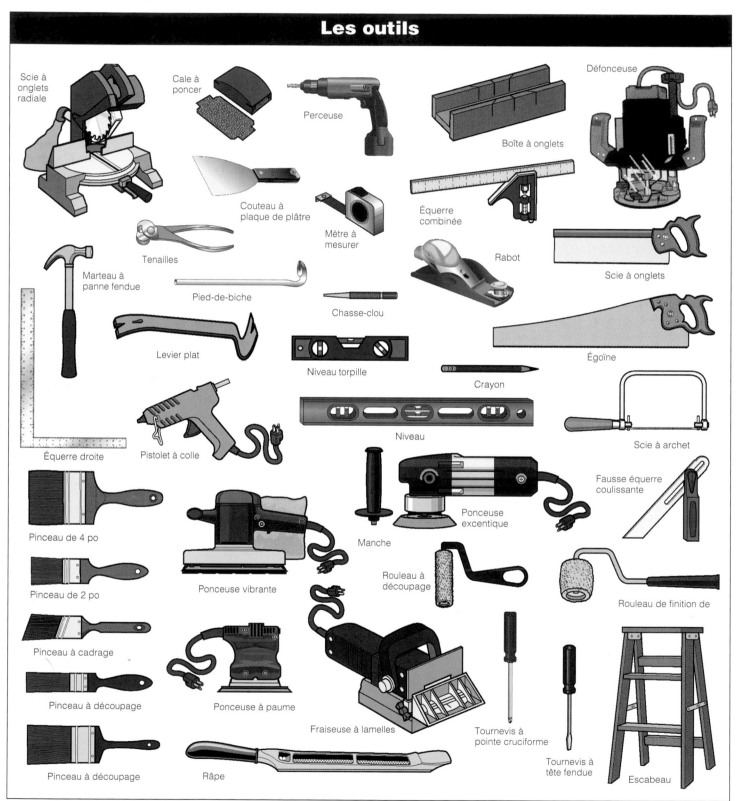

Scie à onglets radiale

Cale à poncer

Perceuse

Boîte à onglets

Défonceuse

Couteau à plaque de plâtre

Mètre à mesurer

Équerre combinée

Rabot

Scie à onglets

Tenailles

Marteau à panne fendue

Pied-de-biche

Chasse-clou

Levier plat

Niveau torpille

Égoïne

Crayon

Niveau

Scie à archet

Équerre droite

Pistolet à colle

Fausse équerre coulissante

Pinceau de 4 po

Ponceuse excentique

Manche

Pinceau de 2 po

Ponceuse vibrante

Rouleau à découpage

Rouleau de finition de

Pinceau à cadrage

Ponceuse à paume

Pinceau à découpage

Fraiseuse à lamelles

Tournevis à pointe cruciforme

Tournevis à tête fendue

Escabeau

Pinceau à découpage

Râpe

Se servir d'un ruban à mesurer

Un ruban à mesurer est un outil très simple, mais que l'on pourrait encore utiliser incorrectement. Voici quelques conseils pour obtenir les meilleurs résultats avec cet outil très important.

Vérifier la précision. Tout ruban à mesurer peut s'abîmer si on le fait tomber, il est donc important de vérifier de temps à autre la précision de votre ruban (même un ruban neuf doit être vérifié avant la première utilisation). Le crochet au bout de la lame s'allonge et se rétracte juste assez pour tenir compte de sa propre épaisseur lorsque vous prenez des mesures intérieures ou extérieures ; un crochet déformé ou un crochet qui ne glisse pas vous donnera des mesures faussées. Pour vérifier sa précision, accrochez le ruban à mesurer au bord d'une planche et faites une marque à la ligne de 12 pouces. Mesurer ensuite la même distance en tenant compte seulement des marques indiquées sur le ruban lui-même. Mettez la marque de 1 pouce sur le bord de la planche, puis mesurez jusqu'au trait de crayon que vous venez de faire ; le trait de crayon devrait correspondre exactement à la marque 13 pouces du ruban. Les

menuisiers appellent cette façon de mesurer « brûler un pouce ». Si les mesures ne correspondent pas, pliez le crochet jusqu'à ce qu'elles le fassent.

Prendre des mesures Pour prendre des mesures exactes, assurez-vous que le ruban repose bien à plat sur la surface à mesurer. C'est particulièrement important lorsque vous mesurez des moulures longues et flexibles.

Si vous devez prendre une longue mesure intérieure (la distance entre deux murs opposés, par exemple), accrochez le ruban à un petit clou planté dans un coin. Le petit trou qui restera après avoir enlevé le clou ne se remarquera à peu près pas.

Se servir de la petite fente. En observant le crochet du ruban à mesurer, vous est-il déjà arrivé de vous demander à quoi pouvait bien servir cette petite fente ? Elle vous

permet d'accrocher le ruban à la tête d'un clou et de prendre des mesures sans l'assistance de personne. De plus, le clou servant de pivot, vous pouvez vous servir du ruban pour tracer des cercles.

Entretien et soin. Un ruban à mesurer à ressort se rétracte rapidement dans sa gaine, mais vous ne devriez jamais le laisser faire à toute vitesse car inévitablement, cela finira par le briser. Tenez plutôt un doigt sous le ruban pour ralentir sa course. De temps à autre, enlevez la poussière et la crasse qui s'accumulent autour du crochet. Si le ruban lui-même vient à casser, il est possible de le remplacer sans avoir à acheter un nouveau ruban complet avec son mécanisme, ce qui est beaucoup moins coûteux.

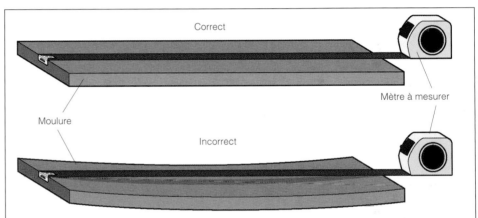

Prendre des mesures. Toujours mesurer des moulures avec le ruban bien à plat. Tout espace entre le ruban et la moulure donnera des mesures fausses.

Correct

Mètre à mesurer

Moulure

Incorrect

Ruban accroché au bord de la planche

Faites une marque à 12 pouces

Le trait de crayon devrait être à 13 po exactement.

Tenir le ruban à 1 po sur le bord.

A

B

Vérifier la précision. Vérifiez la précision d'un ruban à mesurer en mesurant la même distance avec **(A)** et sans **(B)** le crochet. Les mesures devraient correspondre.

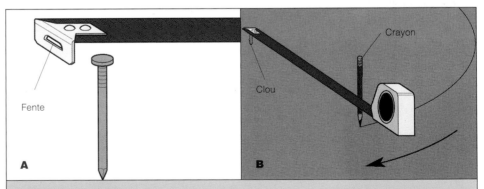

Crayon

Clou

Fente

A

B

Se servir de la petite fente. (A) La fente du bout du ruban à mesurer s'ajuste à la tête d'un clou afin d'empêcher le ruban de glisser pendant que vous mesurez. **(B)** Pour tracer une ébauche de cercle, plantez un clou, accrochez le ruban au clou et, avec un crayon que vous tenez près du ruban à mesurer, tracez des arcs de cercle.

Se servir d'un marteau

On peut se blesser sérieusement avec un marteau si l'on ne sait pas l'utiliser. Il s'agit pourtant d'un outil indispensable pour la pose des boiseries. Il y a donc lieu de l'utiliser correctement.

Gagner du temps. Vous devrez vous déplacer beaucoup dans la pièce pour poser les boiseries et, si vous ne gardez pas le marteau à votre portée, vous passerez beaucoup de temps à le chercher. Vous pouvez utiliser une ceinture à sangles avec un tampon de cuir et un crochet métallique pour le marteau, ou simplement glisser le marteau dans la boucle d'un tablier en toile bon marché ou dans une pochette à outils en cuir.

Retirer un clou. Les clous de finition ont une petite tête qui donne difficilement prise à l'arrache-clou du marteau. Pour vous faciliter la tâche, il suffit quelquefois de plier le clou afin d'avoir une meilleure prise. Si vous vous voulez installer une boiserie en bois tendre, glissez un morceau très mince de bois ou un carton épais sous la tête du marteau avant de retirer le clou, ce qui évitera d'écraser les fibres du bois.

Tenir des petits clous. Voici comment éviter de vous blesser en plantant des petits clous. Tenez le petit clou entre deux doigts, vos ongles face au bois (voir l'illustration A). Vos doigts seront à plat sur le bois plutôt que recourbés vers le haut. Quand l'espace est très réduit, vous pouvez utiliser des pinces à bec effilé ou même un morceau de carton.

Planter un clou. Les clous utilisés pour poser des boiseries sont plus courts et plus minces que ceux utilisés en charpenterie, et peuvent donc se plier facilement. Pour planter un clou, tenez-le et donnez quelques coups de marteau légers jusqu'à ce qu'il se tienne de lui-même. Enlevez votre main et frappez le clou plus fort jusqu'à ce qu'il soit solidement ancré dans le bois, puis continuez à frapper. Arrêtez de frapper lorsque la tête du clou arrive à égalité avec le bois. Utilisez alors un chasse-clou et le marteau, ce qui évitera de marquer le bois alors que vous finissez d'enfoncer le clou.

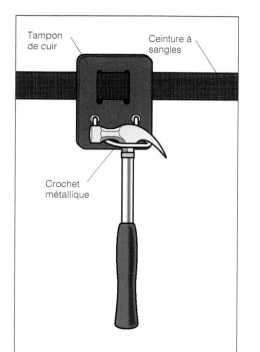

Tampon de cuir

Ceinture à sangles

Crochet métallique

Gagner du temps. Voici la façon idéale de garder un marteau à sa portée lorsque vous ne l'utilisez pas. Le tampon de cuir peut être glissé sur une ceinture ordinaire.

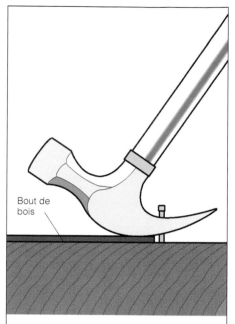

Bout de bois

Retirer un clou. Protégez la boiserie lorsque vous retirez des clous en plaçant un bout de bois devant la tête du marteau.

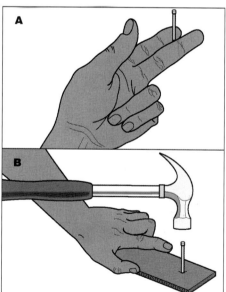

A

B

Tenir des petits clous. (A) Tenez un petit clou avec la paume de la main vers le haut. Aussitôt que le clou tient par lui-même, retirez votre main. **(B)** Vous pouvez maintenir en place de très petits clous en les plantant d'abord dans un carton rigide ; vos doigts qui tiendront le carton seront à l'abri des coups de marteau.

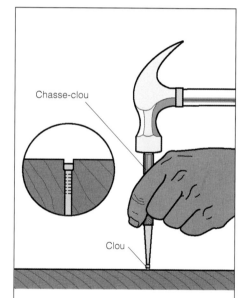

Chasse-clou

Clou

Planter un clou. Tenez la partie texturée du chasse-clou entre le pouce et l'index. Écartez légèrement les doigts pour stabiliser le chasse-clou, tenez-le bien en place sur la tête du clou et frappez jusqu'à ce que la tête disparaisse à l'intérieur de la boiserie.

Utiliser une scie à onglets radiale

La façon la plus facile et la plus précise de couper des moulures est d'utiliser une scie à onglets radiale. La plupart de ces scies se composent d'une scie circulaire surmontée d'un protecteur installé sur une table réglable dotée d'un guide de refente. La scie pivote à gauche et à droite pour faire des coupes à différents angles. Les scies à onglets sont particulièrement efficaces pour enlever les petits éclats de bois d'une boiserie, ce qui est essentiel afin que les sections s'emboîtent bien. Pour faire un travail de coupe encore plus précis, installez des lames de 60 à 80 dents, à pointes de carbure. Toutefois, les scies à onglets radiales ne peuvent servir à couper des planches larges – mais elles peuvent couper la plupart des boiseries.

Prévenir les problèmes. Comme tous les outils électriques, la scie à onglets radiale peut être dangereuse lorsqu'elle est utilisée incorrectement. Consultez et suivez le mode d'emploi du fabricant. Portez des lunettes de sécurité et un sere-tête antibruit. Soyez particulièrement prudent en coupant des moulures. La flexibilité du matériau encourage souvent les utilisateurs à mettre leurs doigts beaucoup trop près de la lame lorsqu'ils font des coupes – une habitude très dangereuse. Veillez à maintenir solidement la boiserie contre le guide de refente, à plat sur la table. La longueur et le profilé de moulures comme les petites gorges et les quarts-de-rond les rendent peu commodes à couper. Pour prévenir les problèmes, soutenez la moulure sur toute sa longueur.

Faire des coupes tests. Si vous n'êtes pas familier avec le fonctionnement de la scie à onglets radiale, faites un certain nombre de coupes tests avec des bouts de bois afin de vous y habituer. Comme vous devez aligner à l'œil la lame de la scie sur la ligne de coupe, il est difficile d'obtenir des résultats probants les premières fois. Essayez cette méthode : faites pivoter la lame vers le bas pour que ses dents touchent presque le bois (pour votre sécurité, gardez vos doigts éloignés de la commande marche-arrêt de l'appareil afin de ne pas actionner accidentellement la scie). Utilisez ensuite les dents comme guides pour déterminer l'endroit exact où la scie fera la coupe. Après avoir fait pivoter la scie vers le haut, mettez le contact et amenez la lame vers la moulure pour faire votre coupe.

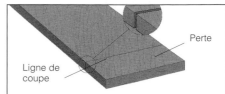

Faire des coupes tests. Amenez la lame de la scie et alignez ses dents de façon à ce qu'elles se situent complètement sur le côté « perte » de la ligne de coupe. Une bonne coupe laissera la ligne de coupe intacte sur le « bon » côté de la boiserie, que vous pourrez toujours retailler si votre coupe s'avère trop longue.

Utiliser une scie à archet

Une scie à archet est dotée d'une armature en acier et d'une lame étroite et flexible d'environ 10 cm (6 po) avec en moyenne de 12 à 18 dents par 2,5 cm (po). La lame est tendue entre les « mâchoires » de l'armature. En bougeant la poignée pendant la coupe, faites tourner la lame. Ce mouvement permet à la scie à archet de couper des courbes à rayon limité et de suivre le profilé de presque n'importe quelle moulure.

Pour couper à l'aide de la scie à archet, posez les dents de la scie sur la ligne de coupe et imprimez un mouvement vers l'arrière pour que les dents marquent le bois. Continuez à aller et venir de cette façon jusqu'à ce que la scie ait suffisamment entamé le bois, puis augmentez la force et la cadence.

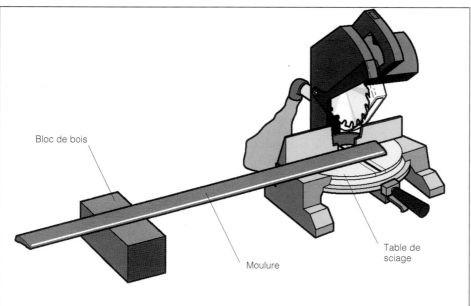

Prévenir les problèmes. Soutenir les moulures qui font plus de 1 m (4 pi) avec un bloc de bois ou un autre objet.

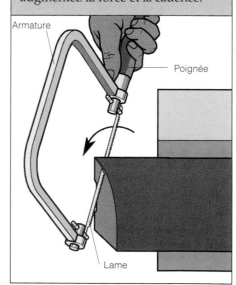

Utiliser une scie et une boîte à onglets

Même si la scie à onglets radiale est vite devenue l'outil favori des professionnels, la boîte à onglets en plastique ou en bois a toujours sa place. Si vous n'avez que quelques morceaux de boiseries à couper, utiliser la scie à main et la boîte à onglets est peut-être plus facile. De plus, si vous devez couper des petits bouts de boiseries ou que l'utilisation de la scie à onglets radiale vous rend nerveux, l'utilisation d'une boîte à onglets est tout indiquée. Les fentes sur les côtés de la boîte à onglets servent de guide à la lame de la scie et vous permettent de faire des coupes en biais et à 45 degrés (les coupes dont vous aurez le plus souvent besoin). Vous pouvez utiliser la boîte à onglets avec une scie à dos ou une égoïne, du moment que la lame est bien affilée. Une scie qui possède le plus de dents par centimètre fera des coupes plus nettes. Quelquefois, les boîtes à onglets sont en métal, et ont alors l'avantage de réduire au minimum les oscillations de la lame. Certaines de ces boîtes à onglets peuvent faire des assemblages d'onglets combinés, et certaines peuvent même vous servir à couper des planches très larges. Pour faire la coupe, utilisez votre main libre afin d'appuyer fermement la planche sur l'arrière de la boîte. Placez-vous de telle façon que votre bras soit aligné avec la scie. Tenez la poignée de la scie d'une main légère mais ferme, et procédez à la coupe en faisant des mouvements légers et doux. Pour garder votre mouvement doux, n'exercez pas de pression, le poids de la scie elle-même suffit.

Enlever les lamelles. Ajuster une moulure signifie souvent la raccourcir d'un millimètre. Une coupe si précise peut être difficile à effectuer avec une boîte à onglets, parce que la lame de la scie a souvent tendance à osciller pendant la coupe. Pour remédier à ce problème, installez un bout de bois et fixez-le au fond de la boîte à la ligne de coupe. Ce bloc vous servira de guide pour garder la lame droite.

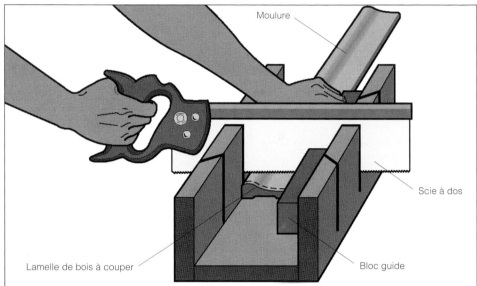

Utiliser une scie et une boîte à onglets. Les boîtes à onglets en bois sont peu coûteuses et sont idéales lorsque vous devez couper des moulures de petite taille. Un avantage de la boîte à onglets en bois est que vous pouvez facilement y fixer des guides pour vous aidez à réaliser la coupe. Un bloc guide, par exemple, permet à la lame de couper une fine lamelle de bois à l'extrémité d'une moulure sans quitter la ligne de coupe.

Utiliser un niveau

Pour faire des travaux de boiserie, c'est une bonne idée d'avoir sous la main un petit niveau (ou deux), même si vous n'allez probablement pas les utiliser beaucoup. **Lire un niveau.** Premièrement, posez le niveau sur la surface que vous voulez vérifier, en vous assurant qu'elle est libre de toute sciure de bois et autres débris. Votre niveau peut avoir une ou deux lignes inscrites dans la circonférence de chaque bulle. Fixez tout droit la bulle horizontale en fermant un œil. **(A)** Si la bulle est centrée entre les deux lignes (ou par rapport à la seule ligne), la surface est de niveau. **(B)** Si vous pouvez voir les lignes à l'arrière de la bulle, c'est que vous ne la fixez pas tout droit. Si l'une des extrémités de la bulle touche à l'une des lignes extérieures, cela signifie que la surface a une pente équivalente à 1/4 de pouce par pied (le taux de pente utilisé par les plombiers pour installer les drains). Certains niveaux ont une bulle qui vérifie les angles ; lorsque la bulle est centrée, le niveau indique alors que la surface a une pente de 45 degrés.

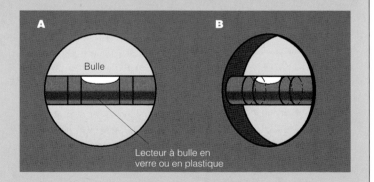

Vérifier l'exactitude. Un niveau exact devrait donner la même lecture si vous le tournez bout pour bout sur la même surface. Si ce n'est pas le cas et que le niveau est réglable, desserrez les vis qui maintiennent chaque lecteur à bulle en place et ajustez-les jusqu'à ce que le niveau soit exact.

Clous

Même si vous pouvez occasionnellement utiliser de la colle pour installer des boiseries, les clous restent le meilleur choix pour les fixer – ils sont solides, peu coûteux et l'on peut facilement les cacher en les recouvrant de bois plastique. Trois sortes de clous sont utilisées pour poser des boiseries : les clous de finition, les clous à cadrage et les clous à tête perdue.

Clous de finition. C'est de loin le clou le plus souvent utilisé pour fixer des boiseries. En fait, c'est à peu près le seul type de clou dont vous aurez besoin pour ce genre de travail ; il se caractérise par une petite tête en forme de baril et une tige mince. Sa tête, qui possède une petite fossette au sommet est assez petite pour s'enfoncer sous la surface de la boiserie ; cette technique s'appelle un « fraisurage ». Les clous de finition s'utilisent pour tous les travaux où les clous ne doivent pas se voir.

Clous à cadrage. Un clou à cadrage ressemble à un clou de finition, à la différence que sa tête s'amenuise vers la base. Un clou à cadrage a un peu plus de pouvoir d'ancrage qu'un clou de finition d'une même longueur ; parce que son diamètre est légèrement plus grand. Ce meilleur pouvoir d'ancrage est bien pratique lorsque vous devez fixer des cadres extérieurs qui sont plus épais que les cadres intérieurs. Ces clous sont enfoncés dans la moulure et leurs têtes, qui arrivent à égalité avec la surface du bois, recevront simplement une couche de peinture. Toutefois, ces clous ne sont pas vendus partout.

Clous à tête perdue. Ces clous, qui ressemblent à des clous de finition mais qui ont une longueur de moins de 4 centimètres (11/2 po), sont

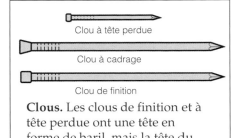

Clous. Les clous de finition et à tête perdue ont une tête en forme de baril, mais la tête du clou à cadrage est plus angulaire.

appelés des clous à tête perdue. On les utilise pour fixer de minces pièces de boiseries.

Acheter des clous. Les clous de finition et les clous à cadrage sont vendus sans revêtement ou galvanisés. Les clous sans revêtement (souvent étiquetés « brillant » à cause de leur fini acier reluisant) conviennent à la plupart des travaux intérieurs. Les clous galvanisés, d'autre part, sont utilisés à l'extérieur parce qu'ils sont

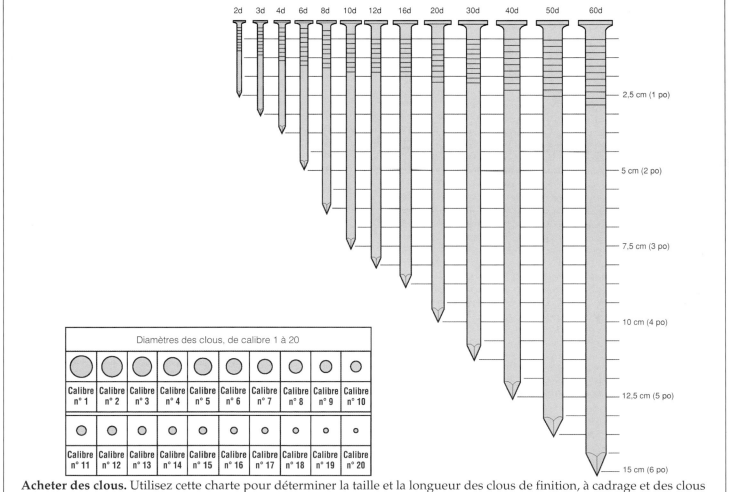

Acheter des clous. Utilisez cette charte pour déterminer la taille et la longueur des clous de finition, à cadrage et des clous ordinaires.

recouverts d'une couche protectrice de zinc qui les empêche de rouiller. On les reconnaît facilement à leur couleur grise sans éclat. Il arrive que les clous galvanisés soient décrits par le procédé utilisé pour les enduire de zinc : les clous galvanisés « par immersion à chaud » ont habituellement un revêtement plus épais que ceux qui sont galvanisés par « dépôt électrolytique ». Les clous galvanisés s'utilisent aussi à l'intérieur pour fixer des boiseries installées dans un endroit humide, à proximité d'une douche par exemple.

La façon d'acheter les clous dépend en partie de l'endroit où vous vous les procurez. La section quincaillerie d'un grand magasin vendra de petites quantités de clous dans un emballage plastique qui en contient à peine une poignée. Les clous ne coûtent presque rien, mais cette façon de les acheter est la plus coûteuse ; achetez-les sous cette forme seulement si vos besoins sont très réduits. Dans un centre de bricolage, vous trouverez des clous dans des boîtes de 1/2 à 2 kilos (1 à 5 lbs) qui vous permettront de les acheter au poids. De plus, les boîtes de clous sont faciles à entreposer jusqu'à ce que vous en ayez de nouveau besoin.

Taille des clous. Autrefois, les clous étaient une denrée précieuse parce qu'ils étaient faits à la main. Aujourd'hui, les clous fabriqués en série sont relativement peu coûteux, mais notre système d'identification par la longueur remonte à cette époque lointaine. On attribue un numéro aux clous, suivi de la lettre « d ». Le « d » est pour le mot latin *denarius*, qui signifie « sou », et fait référence au fait que les clous étaient catégorisés par leur prix pour 100 clous. Aujourd'hui, toutefois, la lettre « d » représente la longueur d'un clou et non son coût. Un clou 2d, par exemple, est d'une longueur de 2,5 cm (1 po), alors qu'un clou de 60d mesure 15 cm (6 po). Tous les clous qui ont une longueur inférieure à 2,5 cm (1 po) sont désignés par leur longueur réelle. Vous aurez rarement besoin d'un clou de finition ou à cadrage qui soit plus long que 16d (environ 9 cm [ou 3 1/2 po]).

Techniques élémentaires de clouage

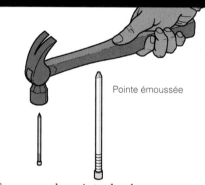

Émoussez la pointe du clou pour éviter de fendre le bois.

Pointe émoussée

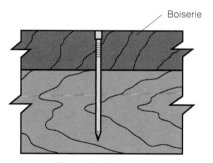

Boiserie

Au moins les 2/3 du clou doivent pénétrer dans le bois d'ancrage sous-jacent.

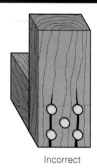

Incorrect Correct

Les clous qui suivent le grain du bois auront tendance à le fendre. Mieux vaut les décaler.

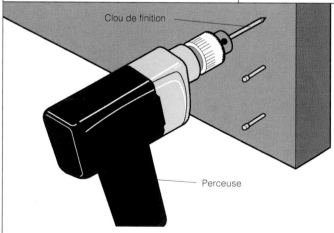

Clou de finition

Perceuse

Dans un bois dur, il est préférable de percer des trous avant de planter les clous pour empêcher le bois de fendre. Si vous n'avez pas la bonne mèche, coupez la tête d'un clou de finition et installez-le dans la perceuse.

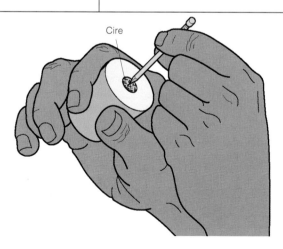

Cire

Les clous lubrifiés avec de la cire seront plus faciles à clouer dans un bois dur.

installation

Couper une boiserie

Il est fort probable que vous aurez à faire au moins une coupe sur chacune des longueurs de boiserie que vous installerez. Contrairement aux autres travaux de menuiserie où les joints servent à soutenir une structure, l'installation de boiseries (à l'intérieur du moins) est avant tout décorative. Ce qui signifie que vous pouvez consacrer tous vos efforts à faire en sorte que l'installation soit impeccable, avec des joints bien faits, sans interstices entre le mur et la boiserie. Si vous arrivez à maîtriser ces trois coupes de base, vos travaux de

boiserie sont sur la bonne voie. Les coupes de base sont :

La coupe en travers. C'est la coupe la plus facile à faire pour les débutants. Quelquefois appelée coupe à angle droit, c'est tout simplement une coupe qui traverse le grain du bois. Ce dernier suit la planche de bois sur toute sa longueur, par conséquent une coupe en travers se fait dans la largeur du bois (en formant un angle de 90 degrés avec les bords de la planche).

La coupe à contre-profil. Pour faire certains joints, une planche de bois doit être coupée de manière à former

un profil renversé de la pièce adjacente. La coupe peut nécessiter plusieurs séries de petites coupes, et chacune d'entre elles peut être droite ou courbe. Cette coupe s'appelle une coupe à contre-profil.

La coupe à onglet. Les onglets sont des coupes faites pour assembler deux pièces de bois dans un joint que l'on appelle à onglets. Comme la coupe en travers, la coupe à onglet traverse le grain du bois, mais à un angle qui n'est pas de 90 degrés. Les coupes à onglet les plus fréquentes sont des coupes à 45 degrés, parce que deux pièces coupées à cet angle forment un coude de 90 degrés.

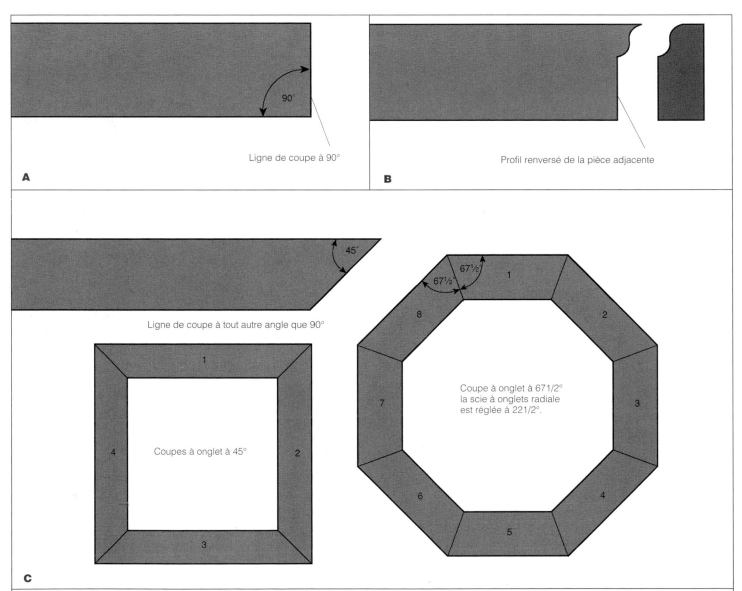

Couper des moulures. (A) Une coupe en travers se fait en coupant à travers l'épaisseur du bois à un angle droit ; **(B)** une coupe à contre-profil est un contour renversé de la pièce adjacente ; et **(C)** une coupe à onglet se fait à travers le grain du bois à tout angle autre que 90°.

Joints de menuiserie pour boiserie

Quel assemblage utiliser lorsque deux longueurs de boiserie se rencontrent ? En général, tous les joints de menuiserie sont un savant compromis entre la solidité, l'apparence et votre habileté à vous servir de l'outillage. Pour les boiseries, l'apparence prime habituellement sur la solidité.

Joint à angle droit. Ce joint simple est une coupe à 90° à travers le grain d'une boiserie. On l'utilise souvent lorsqu'une longueur de boiserie horizontale rencontre une pièce de boiserie verticale, comme lorsqu'une plinthe rencontre un cadrage de porte. Un joint à angle droit est facile à faire, mais, pour qu'il soit bien fait, il faut que les coupes soient exactes. Il faut qu'il rencontre la boiserie à un angle droit parfait et qu'il ait un bord droit et

sans aspérités. Faute de quoi, un espace disgracieux apparaîtra soit dans le haut soit dans le bas du joint.

Joint à onglets. Les joints à onglets se font en coupant deux pièces de moulures à un angle, et ces deux pièces sont ensuite assemblées – la plupart du temps à un coin saillant où deux murs se rencontrent, ou autour des portes et des fenêtres. (Voir les pages 53 à 70.) Ce sont les joints les plus visibles dans la plupart des pièces d'une maison. Vous devez donc apporter un grand soin à leur coupe et à leur assemblage, d'autant plus que toute déviation par rapport à l'angle souhaité est multipliée par deux lorsque deux pièces de boiserie se rencontrent. Les joints à onglets paraissent souvent parfaits lorsque vous les coupez, mais ils peuvent quelquefois s'ouvrir à cause de l'humidité contenue dans le bois. Un peu de colle et un clou à cadrage

peuvent être utilisés pour colmater cette ouverture.

Joint à contre-profil. Si vous utilisez un joint à onglets pour un coin rentrant, ce joint va s'ouvrir lorsque vous allez clouer les pièces de boiserie adjacentes. Et il risque de s'ouvrir encore plus lorsque le bois séchera. La solution consiste à utiliser un joint à contre-profil. Ce joint est comme le joint à angle droit, à la différence qu'une des extrémités d'une boiserie est coupée de façon à s'ajuster au profil de l'autre. Malgré le fait qu'un joint à contre-profil peut aussi s'ouvrir lorsque le bois sèche, l'interstice qui en résultera sera moins visible que si vous aviez opté pour un joint à onglets. En d'autres mots, un joint à onglets accentuera un interstice, alors que le joint à contre-profil tendra à le limiter. Faire un joint à contre-profil n'est pas très difficile et produit un bel effet, même si le coin n'est pas carré.

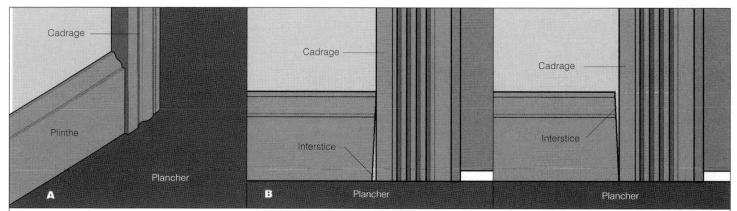

Joint à angle droit. (A) On utilise habituellement un joint à angle droit lorsque la plinthe rencontre un cadrage. **(B)** Si le joint à angle droit n'est pas exactement coupé à 90°, un espace apparaîtra.

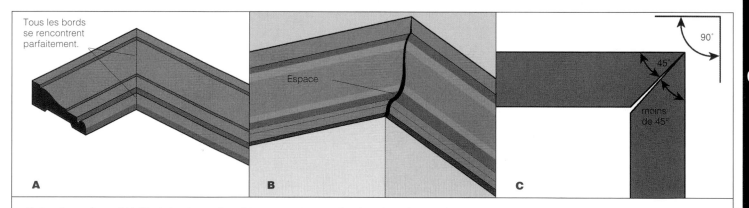

Joint à onglets. (A) Un joint à onglets bien coupé : tous les bords et les surfaces des deux pièces de boiserie se rencontreront précisément aux onglets. **(B)** Un des signes d'un joint à onglets mal fait est un petit espace à l'extérieur du joint. **(C)** Un autre signe d'un joint à onglets mal fait est le mauvais alignement des pièces de boiserie. Cela se produit parfois lorsque l'une des boiseries est coupée à un angle légèrement différent de l'autre.

Ajuster un onglet

En utilisant un rabot. Souvent, les coins des murs ne sont pas tout à fait d'équerre. Il faut donc aplanir les extrémités du joint à onglets avec un rabot. Lorsque vous devez ajuster un joint à onglets, enlevez des lamelles de bois sur l'envers de la moulure jusqu'à ce que les bords du devant se rencontrent. Pour éviter d'abîmer les bords frontaux de la moulure, retaillez celle-ci en en prélevant les lamelles de bois sur l'arrière, tel qu'il est illustré.

En faisant des coupes à angles inhabituels. Pour faire un joint à onglets sur un coin non conforme, vous aurez à morceler l'angle. Une façon facile de le faire est de tracer, à environ un pied sur le plancher, deux lignes parallèles aux murs. Puis vous utiliserez une fausse équerre coulissante pour copier l'angle formé, afin de le transposer sur votre scie à onglets radiale ou votre boîte à onglets.

Onglets sur des murs qui ne sont pas droits. Malheureusement, tous les murs ne sont pas droits (à la verticale). Si le coin penche vers l'avant, la moulure du coin au plafond sera bien ajustée, mais un espace se verra dans le bas. Ce défaut est tolérable sur une plinthe – les moulures du bas sont examinées moins minutieusement que les autres – mais un tel défaut au plafond constitue une maladresse inacceptable. Réglez le problème en coupant un onglet combiné. Ou bien, si l'ouverture de l'onglet extérieur est légère, vous pourrez peut-être la refermer en frottant le coin à l'aide d'un chasse-clou, qui fera ployer le bord externe de l'onglet en rendant alors l'espace imperceptible.

En utilisant une scie à onglets radiale ou une boîte à onglets. Vous pouvez faire des ajustements plus précis en utilisant une scie à onglets radiale ou une boîte à onglets.

■ *Corriger un coin qui fait plus de 90 degrés.* Pour assembler les moulures, coupez-en une à un angle légèrement inférieur à 45 degrés, et vérifiez si l'assemblage est adéquat. S'il ne l'est toujours pas, recoupez l'autre moulure selon un angle légèrement inférieur à 45 degrés. Répétez l'opération jusqu'à ce que l'ajustement soit parfait.

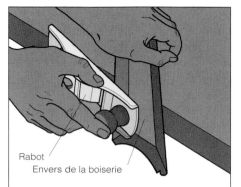

En utilisant un rabot. Lorsque l'on ajuste un joint à onglets qui ne s'imbrique pas parfaitement, il faut enlever quelques épaisseurs de bois à l'envers de la coupe jusqu'à ce que les rebords du devant se rencontrent bien.

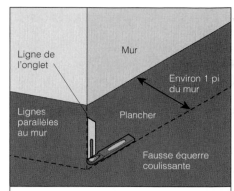

En faisant des coupes à angles inhabituels. Tracez une ligne du coin du mur jusqu'à l'intersection des autres lignes que vous avez tracées, et utilisez une fausse équerre coulissante pour reproduire l'angle.

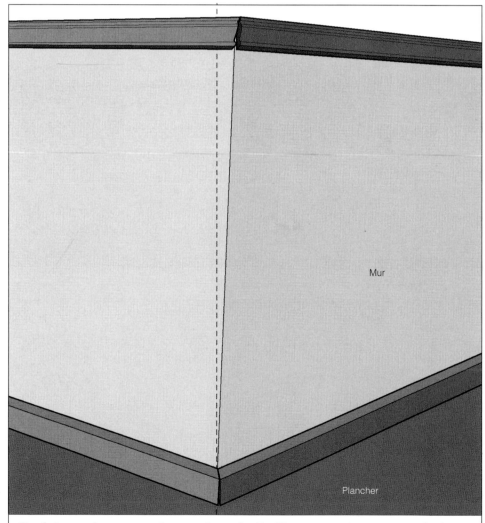

Onglets sur des murs qui ne sont pas droits. Des murs qui ne sont pas droits sont un problème lorsque l'on doit installer des boiseries dans leurs coins. À moins de faire une coupe d'onglets combinés, l'assemblage du joint risque d'être incorrect. Assurez-vous de commencer à un coin saillant, s'il y en a, afin d'éviter de couper les pièces de moulure trop petites pour l'assemblage.

■ *Corriger un coin qui fait moins de 90 degré.* Coupez l'angle légèrement supérieur à 45 degré.

Retour biseauté. Lorsqu'une boiserie (une plinthe par exemple) se termine sur un mur sans rencontrer une autre boiserie, vous pouvez la couper en travers. Toutefois, cette coupe exposera aux regards le grain du bois, difficile à peindre. Une meilleure solution consiste à faire ce que l'on appelle un « retour biseauté ». L'extrémité de la plinthe est taillée en onglet, puis un petit morceau de la même moulure est taillé aussi en onglet et vient recouvrir l'extrémité de la plinthe.

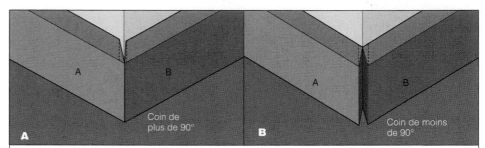

Coin de plus de 90°

A

Coin de moins de 90°

B

En utilisant une scie à onglets radiale ou une boîte à onglets. (A) Pour ajuster l'assemblage d'un joint à onglets d'une plinthe, coupez la moulure « A » à un angle légèrement inférieur à 45 degrés. Si l'assemblage n'est toujours pas adéquat, refaites la même chose, cette fois, avec la moulure « B ». **(B)** Pour couper un angle de plus de 45 degrés avec certaines scies à onglets radiales, vous devrez peut-être mettre une cale entre la moulure et le guide de refente. L'angle de la coupe augmentera selon la largeur de la cale. Commencez toujours par les coins saillants, s'il y en a, afin d'éviter que la moulure ne soit trop courte à l'autre extrémité.

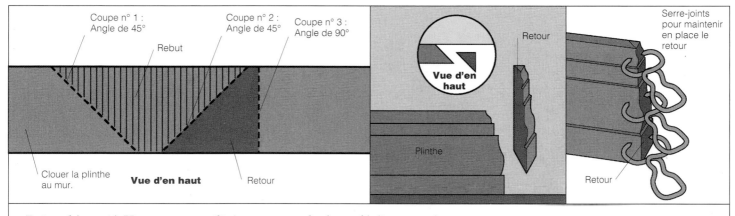

Coupe n° 1 : Angle de 45°

Rebut

Coupe n° 2 : Angle de 45°

Coupe n° 3 : Angle de 90°

Clouer la plinthe au mur.

Vue d'en haut

Retour

Vue d'en haut

Retour

Plinthe

Retour

Serre-joints pour maintenir en place le retour

Retour

Retour biseauté. Un retour est utilisé pour raccorder le profil d'une moulure.

Couper un assemblage d'onglets combinés

Une coupe d'onglets combinés fait simultanément une coupe à onglet et une coupe en biais. **(A)** La coupe est de 45 degrés sur le bord et de 30 degrés sur la face du bois, dans ce cas précis. Seules les scies à onglets combinés peuvent faire ce genre de coupe sans recourir à un gabarit ou à une cale d'épaisseur. Ces angles combinés sont assez difficiles à figurer. **(B)** Plutôt que d'avoir à calculer tous les angles pour faire une coupe d'onglets combinés, utilisez simplement une boîte à onglets en bois et une cale pour faire la coupe. Caler le haut de la boîte à onglets de sorte que la base ait le même angle que le mur, puis effectuez la coupe.

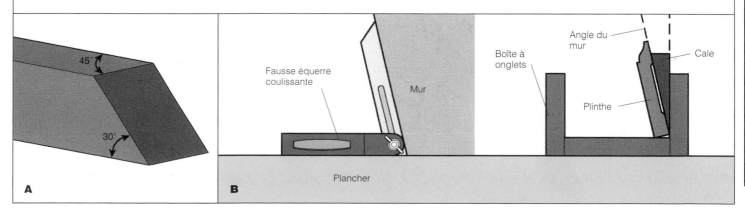

45°

30°

A

Fausse équerre coulissante

Mur

B

Plancher

Angle du mur

Boîte à onglets

Cale

Plinthe

3 Installation

Tailler une plinthe en contre-profilé

Couper un joint en contre-profilé n'est pas difficile, mais demande un travail soigné et un peu de patience. L'avantage du joint en contre-profilé par rapport au joint à onglets est que l'espace produit par la rétractation du bois n'est pas aussi apparent.

1 **Installer la première pièce de moulure.** Faites une coupe en travers sur la première pièce de moulure et aboutez-la dans le coin.

2 **Faire une coupe à onglet.** Coupez un onglet de 45 degrés sur la pièce de plinthe qui doit la rencontrer.

3 **Couper avec une scie à archet.** Utilisez une scie à archet pour couper le long du bord avant de l'onglet.

4 **Faire une coupe de 90 degrés.** Enlever l'excès de boiserie dans le bas pour former un angle d'un peu moins de 90 degrés. Vérifiez l'ajustement en glissant la pièce en contre-profil en place, contre la première boiserie.

5 **Faire des coupes d'ajustements.** Utilisez une lime ou un couteau pour ajuster le côté arrière de la coupe. Vérifiez à nouveau et, si nécessaire, refaire l'ajustement jusqu'à ce vous en soyez satisfait.

6 **Installer la seconde boiserie.** Les deux coupes doivent produire une face qui s'ajuste aux contours de la boiserie à laquelle elles sont aboutées.

Même les plinthes à profil très simple devraient être contre-profilées pour que l'ajustement soit parfait. Notez que, à la jonction des deux bords supérieurs des boiseries, une très fine pièce de bois de la boiserie contre-profilée viendra recouvrir la boiserie aboutée. Faites bien attention de ne pas abîmer cette partie fragile. Pour un ajustement parfait, la moulure contre-profilée devrait être coupée un peu plus longue, ce qui permettra de la « coincer » en place. Vous devrez expérimenter pour savoir quelle longueur de plus sera nécessaire afin que la moulure s'imbrique bien. À l'aide d'une légère pression, la moulure coupée à la bonne longueur devrait s'imbriquer sans problème. Toutefois, si la moulure contre-profilée est un peu trop longue, elle ne manquera pas de déplacer la moulure adjacente.

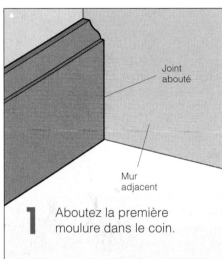

1 Aboutez la première moulure dans le coin.

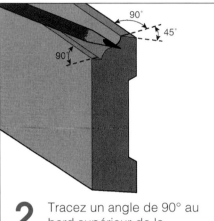

2 Tracez un angle de 90° au bord supérieur de la moulure.

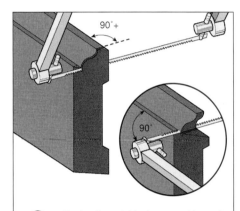

3 En inclinant légèrement la scie et en l'éloignant du bord de l'onglet, coupez jusqu'au bord avant.

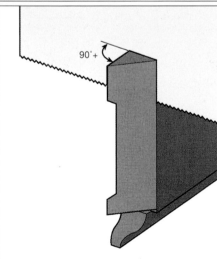

4 Enlevez l'angle de 45° qui reste au bas de la moulure avec une scie à onglets.

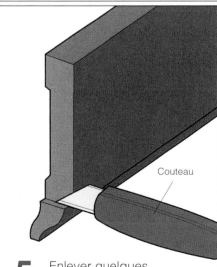

5 Enlever quelques épaisseurs de bois du bord pour un ajustemennt parfait.

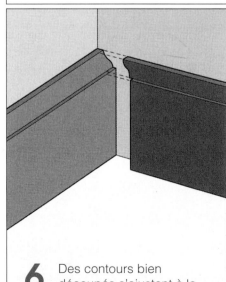

6 Des contours bien découpés s'ajustent à la perfection.

Faire un joint en biseau

Un joint en biseau est habituellement utilisé pour assembler bout à bout deux longueurs de boiserie. Si les planches de boiserie sont d'ordinaire suffisamment longues pour couvrir un mur d'une pièce, ce ne sera pas toujours le cas, particulièrement si vous essayez d'utiliser au maximum les moulures que vous avez sous la main. Un joint en biseau se fait en coupant en onglet les extrémités de deux longueurs de boiserie de sorte que ces extrémités s'emboîtent.

Assemblées, ces deux moulures formeront une surface continue. Ce joint est préférable à un joint abouté qui risquera de s'ouvrir lorsque le bois se contractera.

Le joint doit s'aligner si possible avec une poutre du mur. Cela vous permettra de bien arrimer la moulure au mur. Les clous doivent être plantés de façon à fixer les deux entures à la poutre.

1. Coupez un onglet de 45 degrés sur la boiserie n° 2, et clouez la moulure en place. Prenez une moulure (boiserie n° 1)

qui est plus longue de quelques centimètres que nécessaire, et coupez un onglet de 45 degrés à l'une de ses extrémités, tel qu'il est illustré. Vérifiez l'ajustement de la boiserie et recoupez à la longueur appropriée.

2. Clouez dans la poutre, le haut du joint en biseau. Entrez le clou bien droit afin de bien pouvoir enfoncer sa tête à l'aide du chasse-clou.

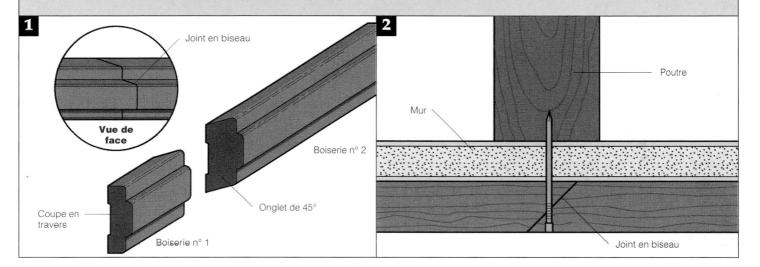

1 — Joint en biseau — Vue de face — Coupe en travers — Boiserie n° 1 — Boiserie n° 2 — Onglet de 45°

2 — Poutre — Mur — Joint en biseau

Couper une cimaise à tableaux

Une cimaise à tableaux est une moulure de plafond qui s'installe d'une façon quelque peu différente d'une gorge ou d'une corniche. Si la cimaise à tableaux sert effectivement à suspendre des tableaux (et non à la décoration), elle doit être solidement

fixée aux montants du mur avec des vis à cloison sèche de 5 cm (2 po). Cela l'empêchera de ployer sous le poids des tableaux. Contrairement aux gorges et aux corniches, la cimaise à tableaux n'a pas à être coupée à l'envers. Coupez-la exactement comme

elle apparaîtra sur le mur. Les coins de la cimaise à tableaux sont généralement coupés en onglet, à la fois à l'intérieur et à l'extérieur ; la coupe en contre-profilé n'étant généralement pas utilisée.

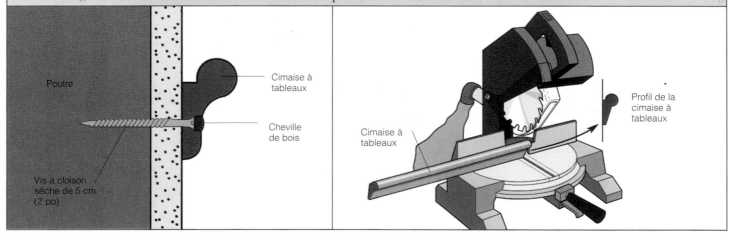

Poutre — Cimaise à tableaux — Cheville de bois — Vis à cloison sèche de 5 cm (2 po) — Cimaise à tableaux — Profil de la cimaise à tableaux

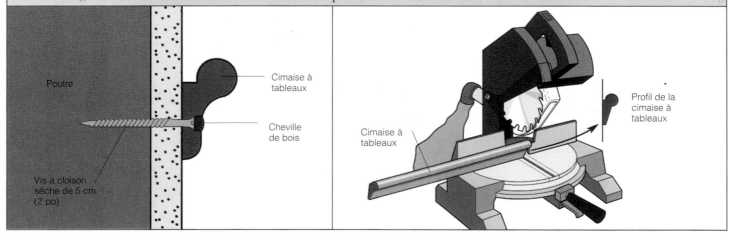

Consolider les joints

Deux méthodes efficaces pour consolider les joints consistent à incorporer soit des blocs de bois soit des lamelles.

Ajouter des blocs

Même le joint le mieux ajusté ne durera pas longtemps si vous ne le clouez pas à quelque chose de solide. Si vous le pouvez, prévoyez l'installation de blocs en construisant les charpentes de murs. Par exemple, une cimaise à fauteuil peut être clouée à des blocs de 2 x 4 installés entre les poteaux ou à des blocs de 1 x 4 encastrés dans des encoches faites sur les poutres. Dans tous les cas, assurez-vous que les blocs sont solidement cloués en continuité avec la face du montant, afin d'avoir une plus grande surface de clouage pour fixer les moulures.

Installer des lamelles

L'un des inconvénients des joints aboutés et à onglets est qu'ils peuvent s'ouvrir lorsque le bois se rétracte. Une façon d'éliminer ce problème est d'assembler les boiseries avec des lamelles de bois. Celles-ci sont des morceaux de bois comprimé en forme de ballon de football qui s'ajuste dans une fente semi-circulaire faite à l'aide d'un outil spécial qui s'appelle une fraiseuse à lamelles. Utilisez une colle à bois blanche ou jaune pour installer les lamelles, qui gonfleront légèrement

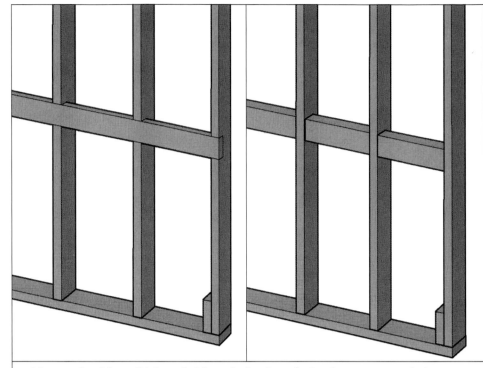

Ajouter des blocs. L'ajout de blocs de 1 x 4 ou de 2 x 4, au moment de la construction du mur, fournira un meilleur support aux boiseries. Un bloc dans le coin du mur augmentera la surface de clouage des joints de plinthes.

sous l'action de la colle, ce qui rendra le joint encore plus solide.

1 **Marquer la boiserie.** Utilisez un crayon pour marquer les deux côtés de la coupe.

2 **Marquer les fentes.** Alignez la ligne centrale de la fraiseuse à lamelles avec les marques tracées sur la boiserie, et faites une fente de chaque côté du joint.

3 **Fixer le joint.** Enduisez la lamelle de colle de menuiserie blanche ou jaune, fixez-la dans une fente et assemblez le joint.

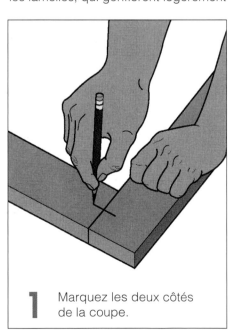

1 Marquez les deux côtés de la coupe.

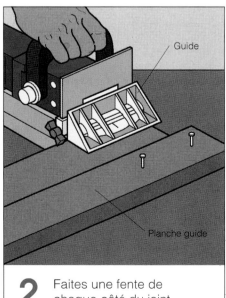

2 Faites une fente de chaque côté du joint.

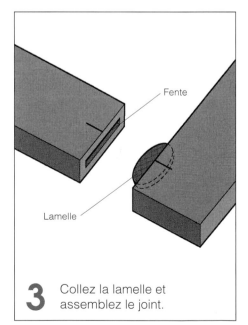

3 Collez la lamelle et assemblez le joint.

Trouver les poutres et montants

Si vous désirez installer des boiseries dans une maison déjà finie, soyez prêt à consacrer du temps à rechercher les poutres et les montants des murs. La méthode la plus efficace pour les trouver est d'utiliser un appareil électronique conçu à cet effet. Cet appareil, que l'on peut se procurer partout, détecte les montants de la cloison en mesurant les changements de densité du mur. Vous pouvez aussi utiliser un détecteur magnétique de poutres qui révèle l'emplacement des clous dans la cloison. Si vous ne possédez aucun de ces appareils, vous pouvez toujours planter des clous dans le mur jusqu'à ce que vous trouviez une poutre, ou encore, en frappant sur le mur jusqu'à ce que le son creux fasse place au son plus solide du montant. Dans la plupart des maisons, les poutres sont posées à une distance de 16 pouces (d'un centre à l'autre). Vous pouvez aussi percer un petit trou dans le mur et rechercher à l'aide d'un fil de fer la poutre la plus proche. Aussitôt que le fil a touché une poutre, retirez-le et mesurez-le pour connaître à quelle distance est située cette poutre par rapport au trou que vous aviez percé. Toutefois, ce « truc » ne fonctionne que dans les maisons qui n'ont pas de murs intérieurs isolés. Une autre méthode bien simple est de projeter une source de lumière sur le mur afin de détecter l'endroit où les clous ont été recouverts de plâtre. Vous pouvez aussi utiliser un aimant pour détecter les clous qui ont servi à fixer les poteaux à la charpente. Promenez lentement l'aimant sur la surface du mur ; lorsqu'il réagit, c'est évidemment qu'il signale la présence d'un clou. Promenez alors l'aimant à la verticale pour détecter d'autres clous et vérifier l'emplacement précis du montant.

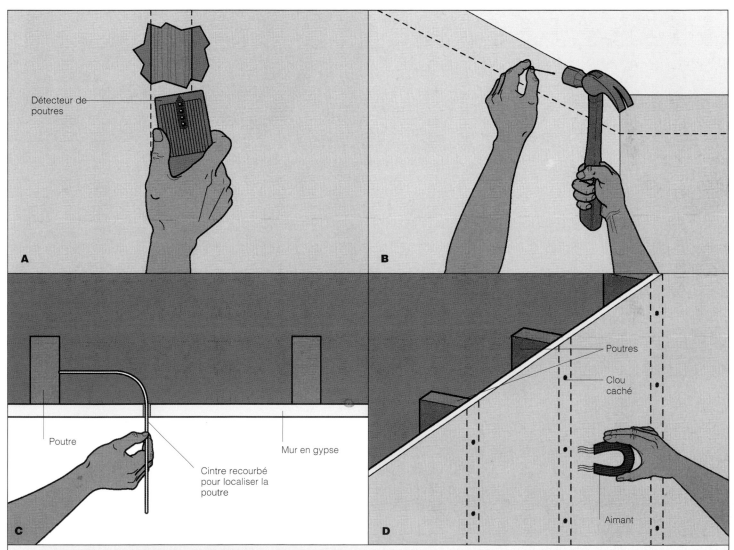

Trouver les poutres et montants. (A) Une simple pression du doigt suffit pour mettre l'appareil de détection électronique en marche. Il s'agit ensuite de promener lentement ce dernier sur la surface du mur. Un signal lumineux vous indiquera alors l'emplacement des montants. **(B)** Lorsque vous décidez de planter des clous pour détecter les poutres, assurez-vous que les trous que vous aurez percés seront recouverts par la boiserie que vous projetez d'installer. **(C)** Vous pouvez aussi repérez les poutres à l'aide d'un fil de fer rigide. **(D)** Si vous trouvez les clous qui fixent le mur de gypse aux montants, vous connaîtrez l'emplacement de ceux-ci. Un aimant vous sera très utile.

3 Installation

Installer des moulures au plafond

Comme la plupart des travaux, l'installation de moulures au plafond demande une certaine planification.

Vous devrez figurer quels joints devront être contre-profilés, lesquels devront être taillés à onglet, et lesquels devront être simplement aboutés au mur. Si vos murs sont de très grandes dimensions, vous devrez joindre deux moulures à l'aide d'un joint en biseau. (Voir « Faire un joint en biseau », page 35.) Vous devrez indiquer dans votre plan l'emplacement de ce joint (en d'autres mots, à quel montants il sera fixé).

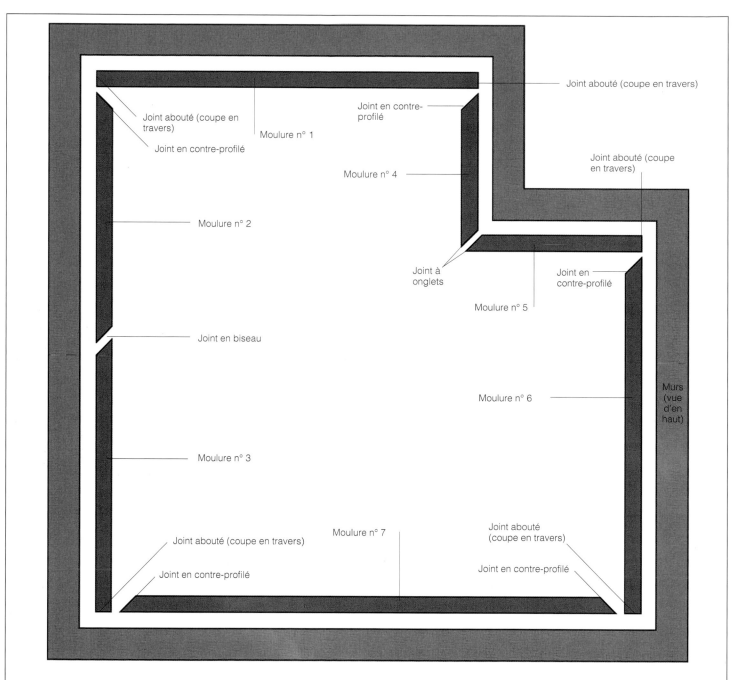

Joint abouté (coupe en travers)

Joint abouté (coupe en travers)

Joint en contre-profilé

Moulure n° 1

Joint en contre-profilé

Moulure n° 4

Joint abouté (coupe en travers)

Moulure n° 2

Joint à onglets

Joint en contre-profilé

Moulure n° 5

Joint en biseau

Moulure n° 6

Murs (vue d'en haut)

Moulure n° 3

Moulure n° 7

Joint abouté (coupe en travers)

Joint abouté (coupe en travers)

Joint en contre-profilé

Joint en contre-profilé

Installer des moulures au plafond. Vous pouvez commencer sur n'importe quel mur, mais la première moulure à installer sera aboutée aux deux murs opposés (la moulure n° 1, par exemple). Chaque joint contre-profilé se posera sur un joint abouté, et le seul endroit qui nécessitera un joint à onglets est le coin saillant.

Prendre les mesures des moulures de plafond

Il faut aussi que vous ayez une bonne idée de la quantité de moulures nécessaire. Mesurer les murs peut être compliqué si vous devez le faire seul, sans personne pour tenir l'autre bout du ruban. Il existe plusieurs façons de contourner ce problème mineur. La façon la plus facile et la plus simple est de planter un clou pour accrocher le ruban à mesurer. Le trou sera probablement recouvert par la moulure, mais sinon, vous pourrez le boucher avec un peu de silicone que vous peindrez ensuite. Il est quelquefois compliqué de mesurer les murs d'une façon exacte, à cause des coins. Vous pouvez utiliser une équerre combinée pour donner au ruban à mesurer une position qui vous permettra de faire une meilleure lecture ; ou encore vous pouvez tout simplement remplacer le ruban à mesurer par deux longueurs de bâton, tel qu'il est illustré.

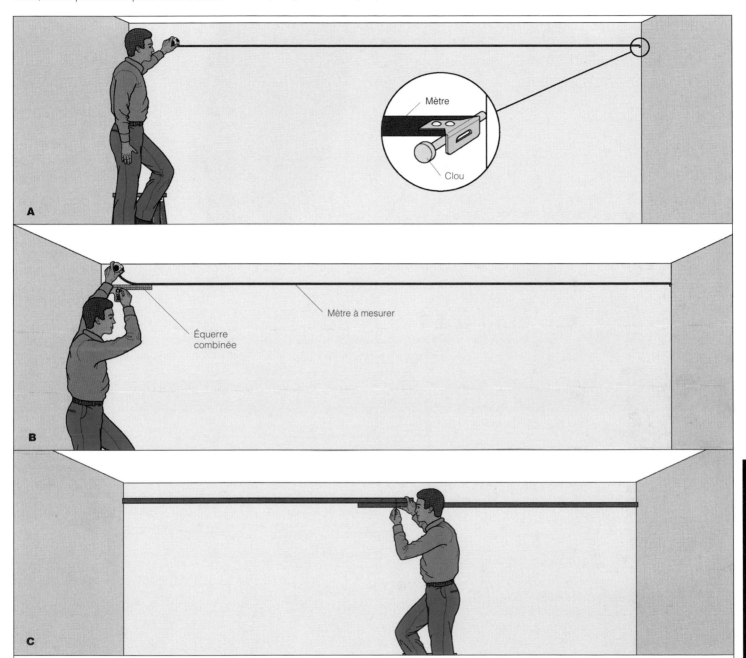

Prendre les mesures des moulures de plafond. **(A)** Accrochez le bout du ruban à mesurer à un petit clou. Plantez-le de façon à ce que le ruban soit près du mur et du plafond. **(B)** Pour une lecture exacte dans un coin, « rallongez » le ruban en utilisant une équerre combinée. Ajouter la longueur de la lame à votre mesure. **(C)** Des bâtons peuvent être utilisés pour mesurer lorsque vous travaillez seul. Glissez-les le long des murs et faites une marque à l'endroit où ils se chevauchent. Installez les bâtons par terre (les marques vis-à-vis) et mesurez-en la longueur totale avec votre ruban.

Les plafonds en voûte et les moulures

Les moulures normales prévues pour les plafonds ne s'assembleront pas toujours parfaitement, comme par exemple lorsqu'un plafond voûté rencontre un mur. Utilisez plutôt alors de la moulure à cadrage.

1 Reproduisez l'angle entre le mur et le plafond en utilisant une fausse équerre coulissante comme guide de coupe.

2 Servez-vous de la fausse équerre coulissante pour transférer l'angle à l'extrémité du cadrage et tracez votre ligne de coupe.

3 Vous ferez une coupe du cadrage plus précise en utilisant un établi. Vous pourrez régler la lame pour qu'elle entame légèrement l'angle, tel qu'il est illustré plus bas. De cette façon, le cadrage supérieur s'ajustera parfaitement au plafond.

Mur de gypse

Mur de gypse

1 Utilisez une fausse équerre coulissante comme guide de coupe pour la moulure.

2 Tracez le bon angle sur le bord de la moulure.

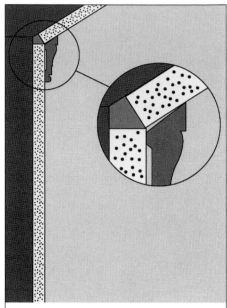

3 La moulure peut être coupée pour s'ajuster au plafond.

Quand installer les boiseries

Que vous rénoviez une maison ancienne ou que vous en construisiez une nouvelle, l'installation des boiseries se fait à la fin. Les boiseries extérieures se posent juste avant que la maison ne soit peinte. Les boiseries intérieures peuvent se poser n'importe quand après que les murs sont installés et que les joints (dans le cas des murs de gypse) sont faits. Assurez-vous que les joints des murs sont bien tirés avant d'installer une boiserie, sinon vous risqueriez de voir apparaître des interstices derrière la boiserie aux endroits où celle-ci chevauche un joint ; ce conseil vaut pour les corniches, les coiffes des plinthes et les cimaises.

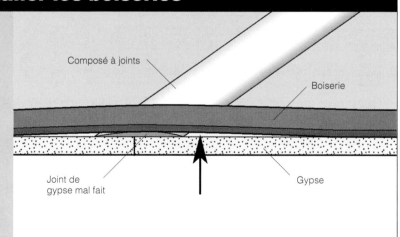

Composé à joints

Boiserie

Joint de gypse mal fait

Gypse

Installer la corniche

Les corniches ont la réputation d'être difficiles à installer. Leur installation requiert peut-être un peu plus de soin que celle des autres moulures, mais elle est à la portée de n'importe quel bricoleur. Les joints utilisés sont les joints standards : abouté, contre-profilé et à onglets. Il s'agit simplement de faire le travail sans sauter d'étape. La première étape consiste à tracer quelques lignes sur le mur pour vous guider. La méthode illustrée vous permet de camoufler les imperfections d'un mur qui n'est pas tout à fait droit.

Tracer les lignes guides

1 **Prendre les mesures de la corniche.** À l'aide d'une équerre, qui figurera à la fois le mur et le plafond, prenez un morceau de corniche tel qu'il est illustré pour déterminer l'emplacement du bord inférieur de la moulure sur le mur. Cette distance, vous l'appellerez « A ».

2 **Tracer une ligne de référence.** Tracez une ligne de référence sur le mur quelques centimètres plus bas que ce point. Un niveau assez long est le meilleur outil pour ce faire.

3 **Trouver le point le plus bas.** Prenez les mesures du mur à partir du plafond à différents endroits de la pièce pour trouver le point le plus bas. Faites une marque à la distance « A » au-dessous de ce point. Mesurez à partir de ce point jusqu'à votre ligne de référence et faites la même chose sur tout le périmètre de la pièce. Tracez une seconde ligne à cette hauteur.

4 **Installer la corniche.** Alignez le bord inférieur de la corniche avec cette seconde ligne et clouez le bord supérieur directement dans les solives du plafond. Les espaces peuvent être bouchés par du ciment à joints ou par une pâte à calfeutrer qui se peint.

Si le plafond est vraiment très inégal, la pose de la moulure à niveau ne fera que souligner le problème et laissera un trop grand espace à combler entre le bord supérieur de la moulure et le plafond. Dans ces cas-là, il est préférable d'installer la moulure parallèlement au plafond. Ce qui compliquera toutefois l'ajustement des joints.

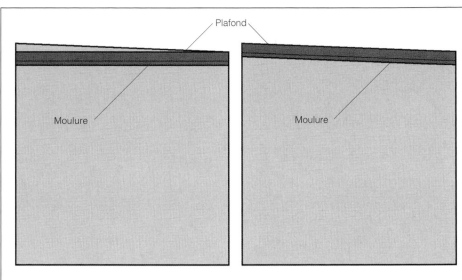

Tracer les lignes guides. Une moulure à niveau peut quelquefois accentuer le problème d'un plafond qui n'est pas droit. Dans un tel cas, il est préférable de poser la moulure en suivant la ligne du plafond.

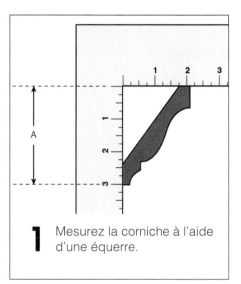

1 Mesurez la corniche à l'aide d'une équerre.

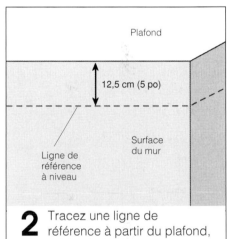

2 Tracez une ligne de référence à partir du plafond, 12 cm (5 po) plus bas pour une moulure de 8 cm (3 po).

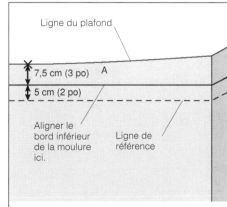

3 Pour installer une moulure sur un plafond qui n'est pas à niveau, trouvez le point le plus bas.

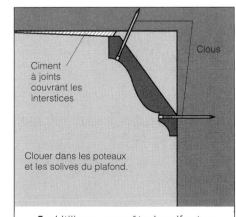

4 Utilisez une pâte à calfeutrer pour boucher tous les espaces que la corniche ne couvre pas.

Couper des corniches

Même si certaines personnes trouvent difficile d'installer une corniche, la difficulté ne réside habituellement pas dans l'assemblage ; tout ce qu'il vous faut, c'est une boîte à onglets et une scie à archet. La partie la plus compliquée est la façon de mettre la moulure dans une boîte à onglets ordinaire pour faire cet onglet à 45 degrés. Une fois que vous aurez vu la marche à suivre, vous saurez que couper des corniches n'a rien de sorcier. Pour vous faire la main, exercez-vous d'abord sur des rebuts de moulures. Même les professionnels se livrent quelquefois à cet exercice de réchauffement bien utile.

1 Coupez et installez la moulure adjacente. Commencez par faire une coupe aboutée aux deux extrémités d'une moulure pour qu'elle s'ajuste bien entre les murs opposés. Clouez-la en place.

2 Coupez l'intérieur du joint à onglets. Si vous utilisez une boîte à onglets ordinaire, placez la corniche à l'envers. C'est-à-dire que le bord qui doit s'appuyer au plafond doit être placé contre le fond de la boîte à onglets.

3 Contre-profilez le joint à onglets. Utilisez une scie à archet pour suivre la ligne de contour créée par la scie. La ligne de contour se trouve sur le bord avant de la moulure.

4 Vérifiez l'ajustement. Mettez la pièce de moulure contre-profilée tout contre la longueur de moulure que vous venez d'installer. Si nécessaire, retirez quelques lamelles de bois à l'arrière de la moulure en utilisant une lime ou un couteau jusqu'à ce que l'ajustement soit parfait.

5 Coupez l'autre extrémité de la moulure. **(A)** Si cette extrémité doit s'ajuster à un coin rentrant, coupez-la simplement à angle droit pour qu'elle s'ajuste au mur opposé : la prochaine pièce de moulure devra être contre-profilée pour s'y ajuster. **(B)** Si cette extrémité doit s'ajuster à un coin saillant, placez-la dans la boîte à onglets à l'endroit (comme elle apparaîtra sur le mur). Coupez-la ensuite à un angle de 45 degrés. Afin de bien soutenir la moulure pendant que vous la coupez, appuyez-la contre le guide de refente de la scie en la maintenant d'une façon sûre.

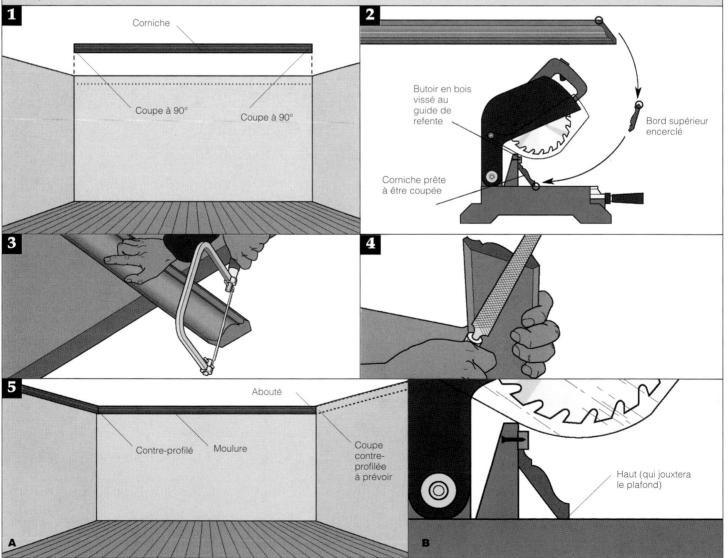

1 Corniche — Coupe à 90° — Coupe à 90°

2 Butoir en bois vissé au guide de refente — Bord supérieur encerclé — Corniche prête à être coupée

5 Abouté — Contre-profilé — Moulure — Coupe contre-profilée à prévoir — Haut (qui jouxtera le plafond)

A   B

Problèmes de pose de corniche

La coupe de corniches n'est pas en soi différente de la coupe des autres moulures. Cependant, elle présente certains problèmes particuliers. Par exemple, si une partie d'une corniche est installée sous une ligne de niveau imaginaire, cette corniche sera impossible à contre-profiler. Évitez dans la mesure du possible ce genre de joint et planifiez des joints à onglets plutôt que des joints contre-profilés.

Les murs parallèles aux solives du plafond sont souvent problématiques, parce que vous n'y avez pas de support pour clouer. Une solution consiste à installer un bloc de bois à la jonction du mur et du plafond, tel qu'il est illustré, et ensuite de clouer et de coller la corniche à ce bloc. Vous pouvez utiliser un bloc de bois massif ou de contreplaqué.

Lorsqu'il n'y a ni solive ni bloc de bois dans lesquels vous pouvez clouer, mettez de la colle de construction à l'arrière de la moulure (là où celle-ci touchera le plafond). Ensuite, tenez la moulure en place jusqu'à qu'à ce que la colle ait fait son œuvre.

Couper des gorges. La façon de faire pour couper des gorges de plafond est exactement la même que pour couper des corniches. Vous placez la moulure dans la boîte à onglets avec le côté destiné au bord du plafond dans le fond de la boîte pour bien la maintenir en place.

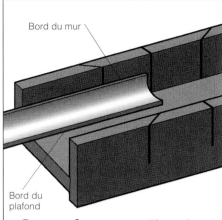

Couper des gorges. Placez le bord de la moulure qui touchera au plafond dans le bas de la boîte à onglets.

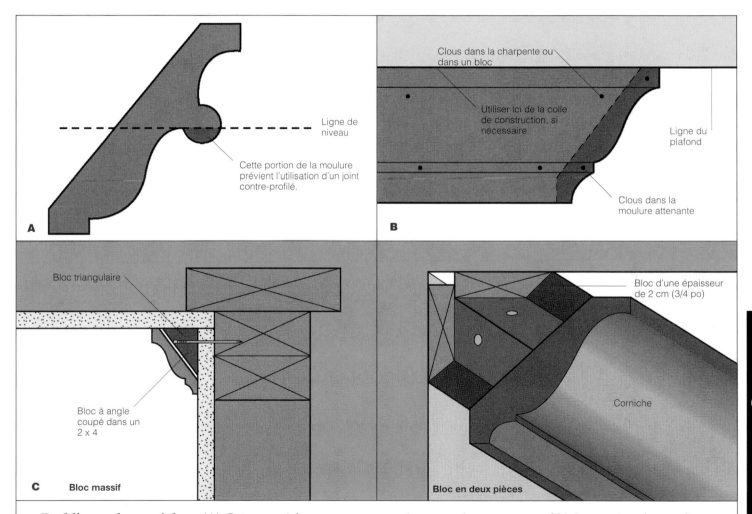

Problèmes de corniches. (A) Cette corniche a un contour qui ne peut être contre-profilé. La portion de moulure sous la ligne de niveau illustré ici interférerait avec la coupe. **(B)** C'est la façon classique de clouer une corniche (ici, un coin saillant à onglet). Si vous ne pouvez pas clouer à ces endroits et ne pouvez installer des blocs, utilisez de la colle de construction pour fixer la moulure au plafond. **(C)** Deux façons d'installer des blocs à l'arrière d'une corniche, un bloc massif ou un bloc à deux pièces.

3 Installation

Installer des plinthes

Les plinthes s'installent à peu près comme les corniches : vous disposez les longueurs de moulure de façon à avoir une extrémité aboutée, et un joint contre-profilé ou à onglets à l'autre extrémité.

Une fois les joints planifiés, le travail se fait rondement. Même si les boiseries doivent être installées avec soin, la marge d'erreur est un peu plus grande pour les plinthes parce qu'elles attirent moins l'attention que les autres. Vous pouvez mesurer toutes les longueurs de boiserie avant de les couper, ou vous pouvez les aligner contre le mur et faire une marque à l'endroit où elles doivent être coupées.

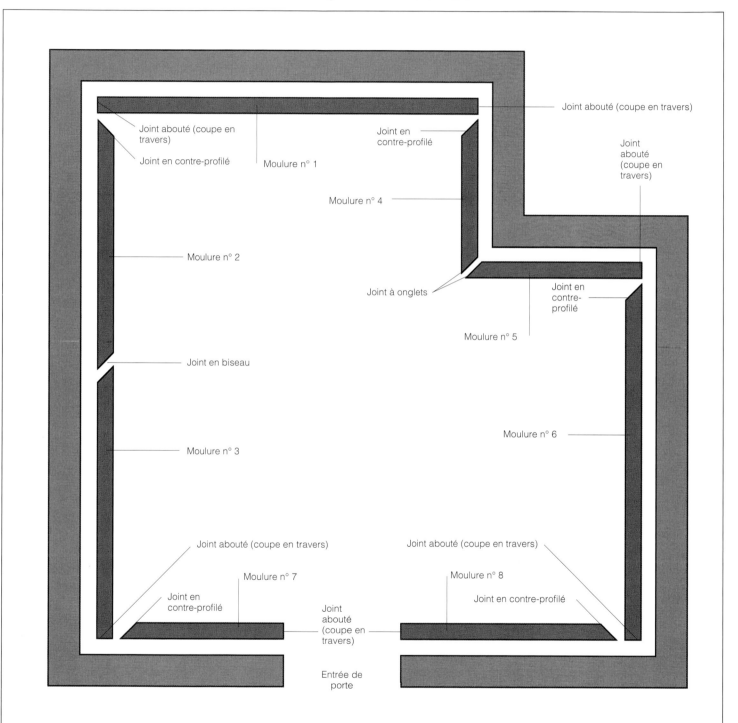

Joint abouté (coupe en travers)

Joint abouté (coupe en travers)

Joint en contre-profilé

Joint en contre-profilé

Moulure n° 1

Joint abouté (coupe en travers)

Moulure n° 4

Moulure n° 2

Joint à onglets

Joint en contre-profilé

Moulure n° 5

Joint en biseau

Moulure n° 6

Moulure n° 3

Joint abouté (coupe en travers)

Joint abouté (coupe en travers)

Moulure n° 7

Moulure n° 8

Joint en contre-profilé

Joint en contre-profilé

Joint abouté (coupe en travers)

Entrée de porte

Installer des plinthes. La disposition des plinthes est similaire à celle des corniches dans la même pièce. La différence majeure est que les moulures n° 7 et n° 8 s'abouteront au cadrage de la porte. En outre, il est plus acceptable d'avoir un joint en biseau dans une plinthe parce que ce joint y est moins visible que sur une corniche.

1 Couper les plinthes. Coupez les boiseries aux longueurs approximatives dont vous aurez besoin et placez-les autour de la pièce.

2 Couper les boiseries en onglets. Commencez par un coin saillant, s'il y en a un. Faites la coupe à onglets et ajustez la première moulure, puis fixez-la temporairement en place. Coupez les plinthes un peu plus longues afin de les courber à la pose, ce qui vous garantira un ajustement optimal.

3 Installer temporairement les plinthes. Faites le tour de la pièce en clouant temporairement (n'enfoncez pas complètement les clous) chaque longueur de plinthe. Pour les joints en contre-profilé, clouez d'abord la boiserie à joint abouté avant d'installer la boiserie en contre-profilé.

4 Clouer les plinthes. Lorsque les plinthes sont en place et que vous êtes certain du résultat, enfoncez les clous et noyez-les avec le chasse-clou.

Styles de plinthes

Dans la plupart des maisons, chaque pièce possède au moins une plinthe de base. Les plinthes sont constituées soit d'une seule pièce de moulure, soit d'une moulure en trois parties : une section unie surmontée d'une coiffe et, dans le bas, d'un quart-de-rond. Les plinthes doivent être coupées en contre-profilé pour s'ajuster aux coins rentrants. Les contours unis sont aboutés. Les plinthes en une seule pièce sont relativement faciles à installer. Les plinthes en plusieurs morceaux sont un peu plus compliquées, en partie parce que la chausse (et parfois la coiffe) est installée après la partie centrale de la plinthe. Chaque partie de la plinthe est contre-profilée ou coupée en onglet séparément.

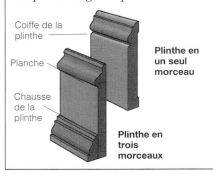

Coiffe de la plinthe

Planche

Chausse de la plinthe

Plinthe en un seul morceau

Plinthe en trois morceaux

1 À cette étape-ci du travail, la plinthe doit être coupée approximativement.

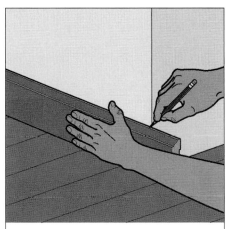

2 Faites une marque pour indiquer la coupe finale un petit peu plus longue que nécessaire.

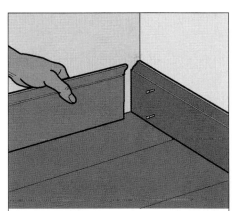

3 Utilisez des clous de finition pour fixer temporairement la plinthe dans la bonne position ; clouez d'abord les joints en contre-profilé.

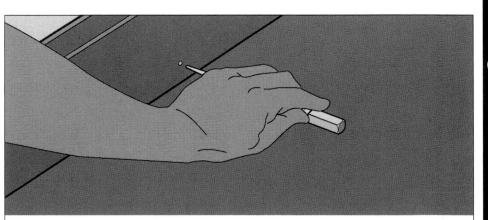

4 En tenant de cette façon le chasse-clou, il vous sera plus facile de clouer plus près du plancher.

Installer un quart-de-rond

Lorsqu'un plancher n'est pas tout à fait droit, les plinthes peuvent laisser des interstices à certains endroits. Les quarts-de-rond servent à cacher ces espaces ; parce qu'ils sont plus étroits, ils peuvent mieux suivre les contours du plancher. Ils servent aussi à couvrir les bords des carreaux de vinyle nouvellement installés.

■ Veillez à clouer dans la plinthe et non dans le plancher.

■ Utilisez le quart-de-rond pour couvrir les petits interstices entre la plinthe et le plancher.

Assembler la plinthe à une boiserie verticale

Lorsque les plinthes rencontrent les cadrages de portes ou une autre boiserie verticale, vous aurez à faire des joints aboutés bien précis. Même si le joint en lui-même est simple, son emplacement près des endroits passants de la maison en fait un joint très visible. L'un des procédés pour obtenir une grande précision consiste à marquer les coupes en vous fabriquant un étalon de marquage « maison », fait d'un morceau de contreplaqué d'une épaisseur de 1 cm (1/2 po). Votre étalon sera coché de façon à suivre les contours de la plinthe. Tenez-le fermement au bord de la boiserie verticale, et tracez une ligne sur le devant de la plinthe en vous servant de cet étalon comme guide.

Faire un demi-bois

Certains types de plinthes, particulièrement celles qui ont un contour simple et sont arrondies dans le haut, sont difficiles à contre-profiler et d'un maniement peu pratique parce que la partie supérieure du contre-profilé en est trop mince et trop fragile. Une solution à ce problème revient à abouter la partie unie de la plinthe et de faire un joint à onglets dans la partie arrondie. C'est ce que l'on appelle un joint à onglets demi-bois.

Un joint à onglets demi-bois est une combinaison de plusieurs coupes : à onglets, contre-profilée et aboutée. Cet assemblage est long à réaliser, mais le résultat est particulièrement très satisfaisant et donne une touche de finition aux moulures qui ont une coiffe en arrondi.

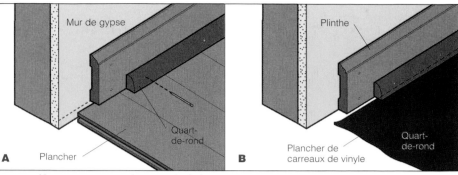

Installer un quart-de-rond. (A) Fixez le quart-de-rond avec des clous 4d, en les enfonçant dans la plinthe et non dans le plancher. **(B)** Il n'est pas nécessaire de retirer les plinthes lorsque l'on installe des carreaux de vinyle. Le quart-de-rond couvre ce qui serait autrement un trou ramasse-poussière entre le plancher et la plinthe.

Assembler la plinthe à une boiserie verticale. Appuyez l'étalon de marquage sur la plinthe pour marquer les emplacements des coupes.

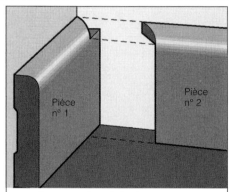

Faire un demi-bois. Le joint en onglets demi-bois s'assemble en utilisant des clous 8d.

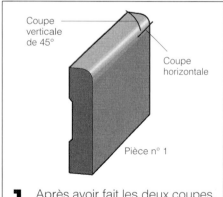

1 Après avoir fait les deux coupes, assemblez la pièce n° 1.

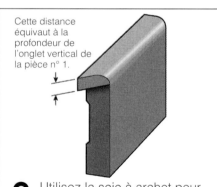

2 Utilisez la scie à archet pour couper une partie du profilé de la pièce n° 2.

1 Faire une coupe à onglets sur la première pièce. D'abord, utilisez une égoïne et une boîte à onglets pour couper en onglets la pièce n° 1 ; la profondeur de la coupe doit s'arrêter à l'endroit où l'arrondi se termine. Faites ensuite une coupe horizontale.

2 Faire une coupe à onglets et en contre-profilé sur la seconde pièce. Coupez ensuite un angle à onglet de 45 degrés à l'extrémité de la pièce n° 2, comme vous le feriez en vous préparant à couper un contre-profilé standard. Mais au lieu de couper la boiserie entièrement, n'en coupez qu'une petite partie.

Installer des cimaises

Les cimaises et les plinthes sont relativement répandues, mais les cimaises le sont un peu moins. Celles-ci sont encore plus impressionnantes lorsque le choix et la pose des boiseries sont bien faits. Chaque installation comporte certaines particularités.

Cimaise à fauteuils. Comme pour les corniches et les plinthes, installez les cimaises en faisant des joints en onglets pour les coins saillants, et des joints aboutés et contre-profilés pour les coins rentrants. En plus de protéger les murs, la cimaise à fauteuils est idéale pour diviser le mur en sections qui peuvent être décorées de façon différente. Par exemple, vous pouvez tapisser la partie inférieure du mur et couvrir les bords supérieurs de la tapisserie par une cimaise à fauteuils. Si vous planifiez d'ajouter des plinthes après avoir tapissé, vous n'aurez plus à vous préoccuper des bords inférieurs de la tapisserie.

Le lambrissage. Les lambris sont des panneaux de bois utilisés comme décoration ou comme protection, appliqués dans la section inférieure d'un mur intérieur. Des carreaux, de la tapisserie ou même de la peinture peuvent également être utilisés pour faire office de lambris. Le lambrissage peut être aussi compliqué que vous le désirez. Il n'existe pas de hauteur standard, quoique la cimaise d'un lambris soit habituellement de la même hauteur qu'une cimaise à fauteuils, qui s'installe à environ de 80 à 90 cm (32 à 36 po) à partir du plancher.

Cimaise à fauteuils. La hauteur d'une cimaise varie habituellement entre 80 et 90 cm (32 et 36 po) à partir du plancher.

Lambris. Installer des panneaux de lambris dans un escalier protège le mur des traces de doigts.

Installer un lambrissage

Une façon simple d'installer un lambrissage est d'utiliser des planches bouvetées et de les coiffer d'une moulure. Ces planches sont offertes dans une variété d'essences de bois, selon les préférences régionales, et sont souvent faites de bois tendre. Le fait qu'elles s'emboîtent rend leur espacement plus facile. À défaut de planches bouvetées, vous pouvez toujours utiliser des panneaux de contreplaqué.

1 **Tracer des lignes guides.** Faire une ligne de référence sur le mur pour la moulure qui viendra coiffer les planches de lambris. Mesurez la largeur pour connaître le nombre de planches dont vous aurez besoin. Vous aurez peut-être à couper la première et la dernière planche en largeur.

2 **Couper les panneaux.** Coupez les planches de lambris légèrement plus petites que la distance du plancher à la ligne de référence. Cela permettra une adaptation à toute variation en hauteur du plancher.

3 **Placer les planches sur le mur.** Placez les planches sur le mur. Coupez la dernière planche à la bonne largeur.

4 **Clouer les planches.** Clouez les planches une par une, en suivant la ligne guide. De temps à autre, vérifiez avec un niveau qu'elles sont bien droites ; et replacez à niveau celles qui ne le sont pas.

5 **Poser la coiffe de la plinthe.** Couvrez le haut du lambrissage avec la même moulure que celle utilisée pour coiffer la plinthe, ou avec toute autre moulure, et posez la plinthe dans le bas.

1 Tracez une ligne de référence à la hauteur désirée du lambrissage.

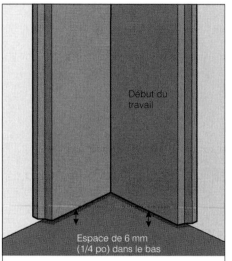

Début du travail

Espace de 6 mm (1/4 po) dans le bas

2 Coupez les planches un peu plus petites, laissant un espace de 6 mm (1/4 po) dans le bas.

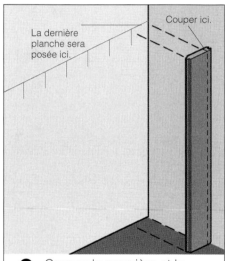

Couper ici.

La dernière planche sera posée ici.

3 Coupez la première et la dernière planche à la bonne largeur, le long du pointillé, tel qu'il est illustré.

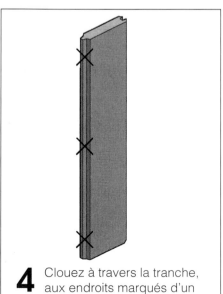

4 Clouez à travers la tranche, aux endroits marqués d'un X.

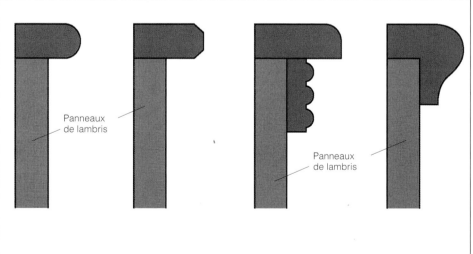

Panneaux de lambris

Panneaux de lambris

5 Utilisez l'une des coiffes de plinthes ci-dessus, ou encore concevez et fabriquez votre propre moulure.

Autres moulures

Moulures à moustiquaire. La moulure utilisée pour les moustiquaires est une moulure en demi-rond ou une baguette qui sert à protéger les bords de la moustiquaire en la montant sur un cadre de bois. Coupez assez long tous les bords destinés au montage. Après avoir installé la moulure, utilisez un couteau à lame rétractable pour couper les bords de la moustiquaire qui dépassent de la moulure.

Moulures de bords de tablettes. Les bords de tablettes en contreplaqué ou en aggloméré sont habituellement recouverts d'une moulure, soit un demi-rond, une moulure profilée ou une simple baguette de bois. Pour des tablettes de 2 cm (3/4 po) d'épaisseur, clouez la moulure avec des clous 4d. Pour une solidité accrue, collez la moulure avant de la clouer.

Moulures de coin. Utilisée pour habiller et protéger les coins saillants d'un mur lambrissé, la moulure de coin s'ajoute aussi aux coins des murs de gypse. Elle est habituellement coupée à joints aboutés à chaque extrémité, et couvre l'espace vertical entre la plinthe et la corniche.

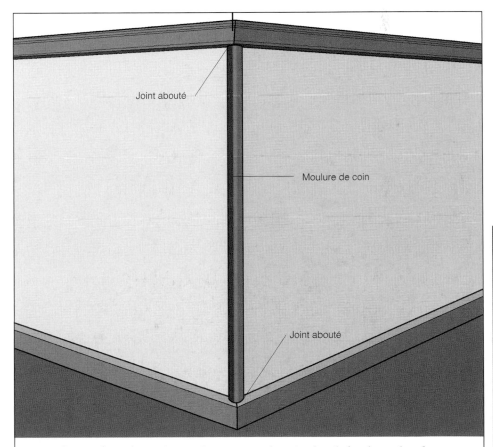

Moulures à moustiquaire. Cette moulure à moustiquaire est faite de quatre joints à onglets et elle est retenue au cadre de bois par des clous à tête perdue.

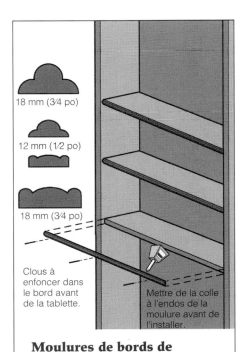

Moulures de bords de tablettes. La moulure recouvre le grain de la tablette et la rend plus solide.

Moulures de coin. Si la moulure couvre le coin du plafond au plancher, elle doit être proportionnellement plus mince que la corniche et que la plinthe. Si la plinthe a une coiffe profilée, il sera difficile d'ajuster la moulure du coin.

Solutionner les problèmes courants

La boiserie est souvent utilisée pour camoufler les joints, tant à l'intérieur qu'à l'extérieur de la maison. À l'intérieur, ces joints se retrouvent partout où le matériau change de direction (lorsqu'un panneau rencontre un coin) ou lorsque le mouvement naturel du bois risque de créer des interstices disgracieux. À l'extérieur, la boiserie n'est pas uniquement décorative ; sans elle, les nombreux joints entre les surfaces et les matériaux seraient propices à l'infiltration d'eau. Ces infiltrations sont toujours une nuisance mais, surtout, le bois abîmé par l'eau encourage la prolifération des parasites et des champignons. Il est souvent trop tard, lorsque vous constatez les résultats d'une infestation.

Quelques solutions pour les boiseries intérieures

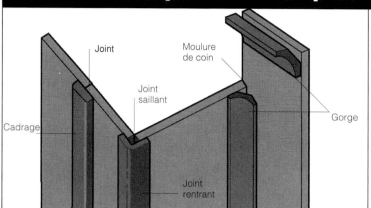

Une grande variété de pièces de boiserie peuvent servir à couvrir les joints de panneaux. Si le panneau est préfini, vous pourrez vous procurer des moulures préfinies et les clous assortis à la couleur du panneau. Des moulures en plastique sont aussi offertes pour couvrir les joints des panneaux très minces.

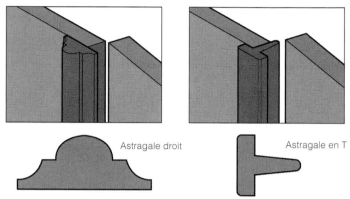

L'astragale sert de butoir à une porte tout en favorisant un bon alignement de cette dernière. Des coupe-bise peuvent être apposés à l'intérieur de l'astragale pour empêcher les courants d'air.

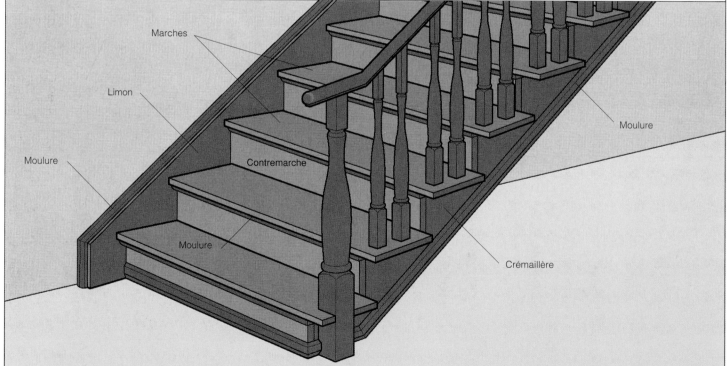

On trouve souvent, sous les marches, une gorge ou une scotie avec des retours à onglets à l'endroit où l'on peut voir cette partie de la marche depuis la pièce attenante. On trouve aussi des boiseries dans le haut de la crémaillère pour couvrir les interstices entre celle-ci et la marche. Lorsqu'il s'agit d'un escalier, des moulures sont posées sous les marches.

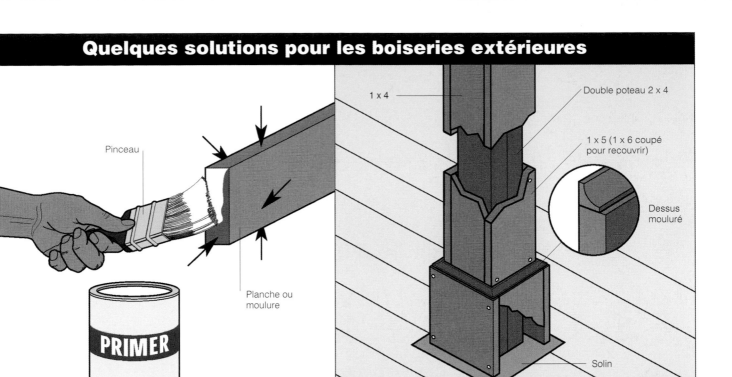

Pinceau

Planche ou moulure

PRIMER

1 x 4

Double poteau 2 x 4

1 x 5 (1 x 6 coupé pour recouvrir)

Dessus mouluré

Solin

Bien que cette étape soit souvent sautée, toutes les boiseries extérieures devraient recevoir une peinture de fond pour empêcher le bois de bomber. Ne pas oublier les côtés et tout particulièrement les extrémités coupées.

Les poteaux extérieurs comme ceux qui soutiennent le toit d'un balcon doivent être protégés contre les intempéries. L'illustration du haut montre un poteau de 2 x 4 et son solin, avec les boiseries et moulures qui les protègent. Utilisez des clous galvanisés par immersion à chaud.

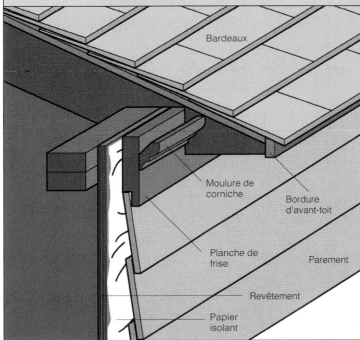

Bardeaux

Moulure de corniche

Bordure d'avant-toit

Planche de frise

Parement

Revêtement

Papier isolant

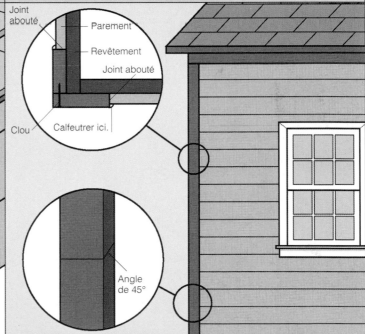

Joint abouté

Parement

Revêtement

Joint abouté

Clou

Calfeutrer ici.

Angle de 45°

Les boiseries posées aux intersections des murs et du toit ont plusieurs fonctions : la planche de frise empêche les fortes pluies de pénétrer derrière le parement. La corniche empêche les insectes d'accéder au grenier.

Les boiseries assemblées dans les coins recouvrent le revêtement extérieur et fournissent une surface contre laquelle il est possible d'abouter le parement (médaillon du haut). Si la boiserie doit être assemblée à la verticale, coupez les planches à un angle de 45 degrés, et installez-les de façon à ce que l'eau glisse sur le joint (médaillon du bas).

3 Installation

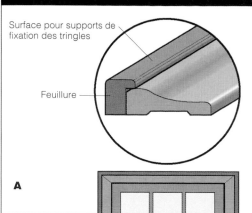

Surface pour supports de fixation des tringles

Feuillure

A

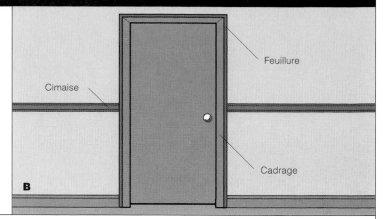

Feuillure

Cimaise

Cadrage

B

Le profil arrondi de certains cadrages de fenêtre rend difficile l'installation des supports de fixation pour les tringles. **(A)** Une feuillure clouée au cadrage crée une surface plane assez large pour installer une tringle. **(B)** La cimaise peut être plus épaisse que le cadrage de la porte, et le joint entre la cimaise et le cadrage de la porte ne peut alors qu'être disgracieux. Au lieu de remplacer le cadrage, rajoutez-lui de l'épaisseur avec des feuillures.

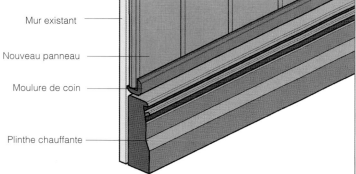

Mur existant

Nouveau panneau

Moulure de coin

Plinthe chauffante

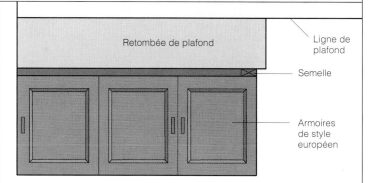

Retombée de plafond

Ligne de plafond

Semelle

Armoires de style européen

Lorsque vous ajoutez des panneaux en bois massif, habituellement d'une épaisseur de 2 cm (3/4 po), dans une pièce qui possède des plinthes chauffantes, coupez le panneau un peu plus court et cachez l'interstice entre ce dernier et la plinthe chauffante par une moulure de coin. Veillez à garder un espace de sécurité suffisant autour de la plinthe chauffante. (Si vous avez un doute, vérifiez avec le fabricant.)

Contrairement aux armoires standard, les armoires du haut, de conception européenne, doivent être installées plus bas que la retombée du plafond afin de dégager un espace pour les boiseries. La semelle peut être fixée directement à la partie supérieure des armoires, et la boiserie, clouée sur la semelle.

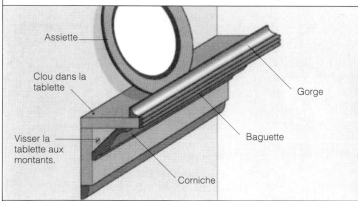

Assiette

Clou dans la tablette

Gorge

Visser la tablette aux montants.

Baguette

Corniche

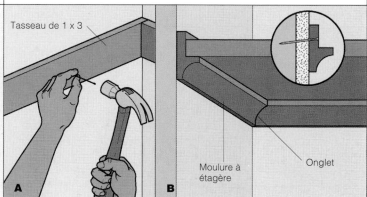

Tasseau de 1 x 3

Moulure à étagère

Onglet

A

B

Des assiettes décoratives peuvent être exposées sans danger si l'on a installé une cimaise à assiettes. Clouez le haut et l'arrière ensemble, puis ajoutez une gorge et une baguette. Vissez l'assemblage dans le mur pour rejoindre les montants internes ; ajoutez ensuite une corniche pour cacher les vis.

(A) La façon traditionnelle de soutenir une étagère dans un placard est de clouer un tasseau de 1 x 3 dans les montants. **(B)** Il existe une cimaise à étagère. D'une apparence plus soignée que le tasseau, elle prend plus de temps à installer parce que ses coins doivent être coupés en angle.

ouvertures

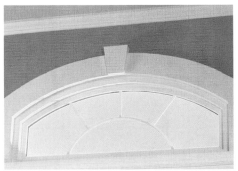

Assemblages courants pour les boiseries de portes et fenêtres

Les boiseries qui entourent les portes et les fenêtres sont des cadrages et peuvent être installées d'une foule de manières propres à accentuer le style de décoration choisi. Habituellement, le style de boiserie (comme le joint utilisé pour l'installer) sera le même dans toute la maison. Rien ne vous empêche d'explorer des variations sur un même thème. Dans un bureau, par exemple, vous choisirez peut-être de rendre le cadrage plus imposant pour s'accorder avec les autres boiseries de la pièce. Dans une salle de lavage, vous choisirez peut-être d'opter pour le cadrage le plus élémentaire afin d'investir davantage dans des pièces plus fréquentées.

Toutefois, presque toutes les installations de cadrage utilisent les deux mêmes joints : le joint à onglets et le joint abouté. Jamais le contre-profilé.

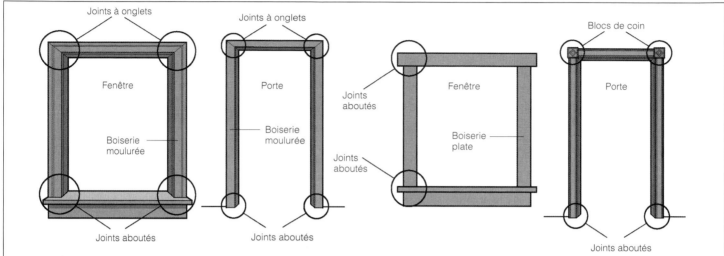

Assemblages courants pour les boiseries de portes et fenêtres. Le joint à onglets est le plus souvent utilisé à l'endroit où le cadrage vertical rejoint la coiffe du cadre. Au rebord de la fenêtre ou au pas de la porte, on trouve souvent le joint abouté.

Styles de cadrage

Si vous aviez à visiter différentes maisons dans le pays, vous verriez probablement beaucoup de joints à onglets autour des portes et des fenêtres (du moins, à l'intérieur ; voir page 69 pour les cadrages extérieurs). C'est d'abord une question de budget : ce genre de cadrage s'installe rapidement, et tous les menuisiers dignes de ce nom sont en mesure de le faire. Par contre, vous pouvez utiliser d'autres styles. En fait, le travail, ainsi que le soin apporté aux cadrages, sont l'un des signes distinctifs d'une vieille tradition. Dans une même pièce, les cadres des portes sont habituellement de même style que ceux des fenêtres. Lorsque vous décidez du style d'une pièce donnée, assurez-vous que les cadrages ont une belle apparence, autant autour des portes que des fenêtres. Quelquefois, un cadrage qui a fière allure autour d'une porte se révélera un peu écrasant autour d'une fenêtre.

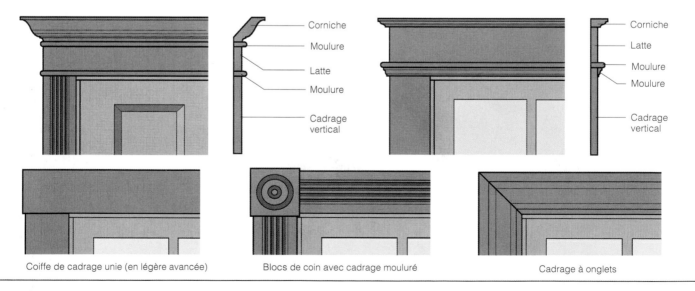

Coiffe de cadrage unie (en légère avancée)

Blocs de coin avec cadrage mouluré

Cadrage à onglets

Problèmes de murs

Le cadrage est cloué au chambranle de la fenêtre ou de la porte. Pour que le cadrage ait un ajustement parfait, les bords du chambranle doivent être à égalité avec la surface du mur. Toute différence de niveau entre le chambranle et le cadrage formera un interstice.

Vérifier la surface. Avant d'installer le cadrage, placez une règle de précision sur le bord du chambranle et du mur. Vous pourrez ainsi remarquer une différence de niveau que vous n'auriez pas décelée autrement.

Remplir l'interstice. Si la différence entre eux est de moins 3 mm. (1/8 po), l'espace autour du cadrage pourra être rempli par une pâte à calfeutrer que l'on peut peindre. Cette solution n'est toutefois pas indiquée si vous pensiez à teindre le cadrage et le chambranle.

Égaliser un mur qui avance. Si le mur dépasse légèrement du chambranle, vous pouvez le raser ou le poncer avec un outil approprié. Vous devrez peut-être tracer une ligne guide sur le mur de gypse pour être sûr que vous n'en enlèverez que la portion qui sera recouverte par le cadrage.

Égaliser le chambranle. Si le chambranle déborde légèrement le mur, aplanissez-le avec un rabot. Si vous remarquez le problème avant d'installer la porte ou la fenêtre, vous pouvez toujours couper le chambranle à l'aide d'une scie radiale.

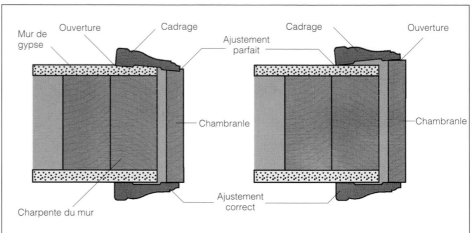

Problèmes de mur. Si la surface du mur n'est pas à égalité avec le chambranle, vous aurez une ouverture d'un côté du cadrage.

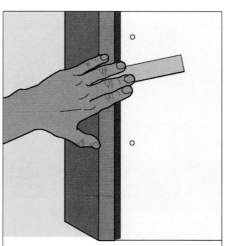

Vérifier la surface. Posez une règle sur le bord du chambranle et sur le mur pour détecter toute dénivellation.

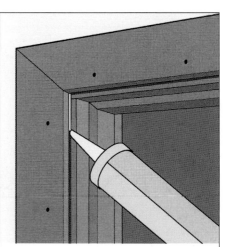

Remplir l'interstice. Utilisez une pâte à calfeutrer en latex pour boucher les trous qui font moins de 3 mm (1/8 po).

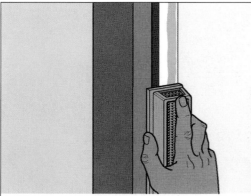

Égaliser un mur qui avance. Enlevez de petites lamelles du mur de gypse en utilisant un rabot ; un papier de verre à gros grains peut aussi faire l'affaire. Faites attention de ne pas abîmer les surfaces attenantes au mur.

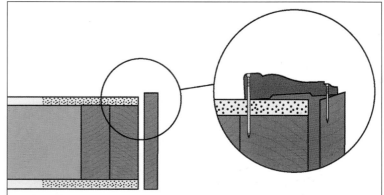

Égaliser le chambranle. Si vous rabotez le chambranle, placez-le légèrement en angle avec le mur pour éviter tout interstice (voir le médaillon). Clouez seulement près du bord extérieur du cadrage – car clouer au milieu risquerait de le fendre.

Rallonger le chambranle

Dans certains cas, les bords du chambranle ne rejoignent pas la surface du mur, et la distance est telle qu'elle ne peut pas être bouchée par une pâte à calfeutrer. C'est souvent le cas lorsque les murs sont exceptionnellement épais. Des fenêtres sur mesure peuvent être installées pour s'ajuster à l'épaisseur des murs, mais elles sont très onéreuses. Une approche moins coûteuse consiste à acheter des portes et des fenêtres standard et à rallonger les chambranles.

Les rallonges sont des bandes de bois clouées sur les bords intérieurs des chambranles pour niveler ces derniers et l'épaisseur du mur. Lorsque vous commandez les fenêtres, commandez en même temps les rallonges de chambranle, ou confectionnez les vôtres. Si vous planifiez de teindre ou d'utiliser un vernis transparent sur le chambranle et la boiserie, vous devrez imiter la même essence de bois que celui de la fenêtre pour les rallonges de chambranle. Si vous planifiez de tout peindre, veillez à vous servir d'un bois peu coûteux et facile à travailler comme le pin, par exemple. Les planches de bois dont vous vous servirez devront être bien droites et sans nœuds, car les rallonges de chambranle sont si minces que des nœuds rendraient l'utilisation de cette planche impossible.

1 Faire les rallonges de chambranle. Les rallonges de chambranle s'ajoutent après que la fenêtre est installée, et elles se font facilement à l'aide d'un établi. En utilisant le guide de refente de la scie, vous aurez la garantie que les rallonges sont coupées d'une manière uniforme.

Mise en garde : *Lorsque vous coupez le bois en lamelles, utilisez un poussoir ou quelqu'autre méthode pour éviter d'approcher vos doigts de la lame.*

2 Installer les rallonges de chambranle. Les rallonges de chambranle sont quelquefois installées pour que leur face interne soit alignée avec la surface du chambranle, mais elles peuvent aussi être légèrement décalées. Si vous décalez les rallonges, arrondissez le rebord du chambranle avant de les installer : la peinture adhèrera mieux à des rebords un peu arrondis. Utilisez des clous de finition assez longs pour pénétrer d'un moins 2,5 cm (1 po) dans le chambranle.

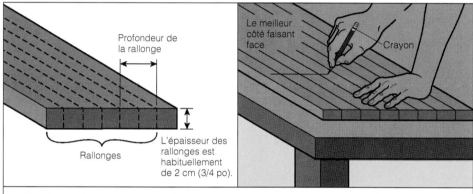

1 Les rallonges de chambranle peuvent être coupées à partir d'une planche large, au fur et à mesure que vous en aurez besoin. En traçant un trait de crayon sur la plus belle face de la planche, les rallonges de chambranle seront installées correctement.

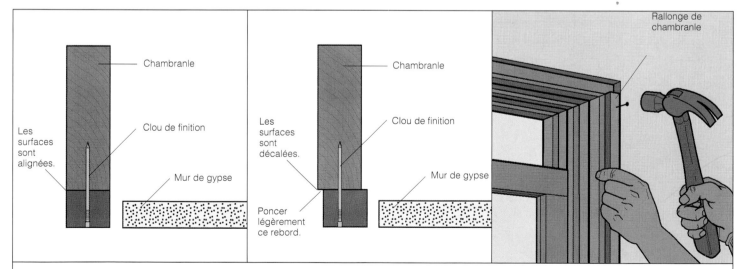

2 Les rallonges n'ont pas besoin d'être assemblées par des joints à onglets, parce que le cadrage couvrira en grande partie le joint. Un joint abouté fera très bien l'affaire.

Installer le rebord

Un rebord à feuillure possède un dessous à rainure qui s'imbrique dans un seuil, alors que les rebords plats s'ajustent sur des seuils plats. Dans les deux cas, l'installation est la même.

1 Couper le rebord. D'abord, coupez le rebord en longueur. D'ordinaire, la « corne » du rebord

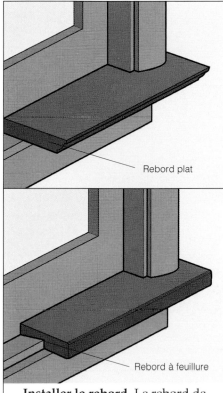

Rebord plat

Rebord à feuillure

Installer le rebord. Le rebord de la fenêtre s'appuie contre le châssis de la fenêtre et contre le seuil. Les rebords peuvent être à feuillure ou plats pour épouser le seuil correspondant.

dépasse légèrement le cadrage d'environ 1 à 2,5 cm (1/2 à 1 po) et cette décision, qui vous revient, est essentiellement d'ordre esthétique. Marquez le centre du rebord, et faites une marque correspondante sur le centre du châssis de la fenêtre. Tenez ensuite le rebord bien appuyé contre les chambranles de la fenêtre et alignez les deux traits de crayon. Pour dessiner les cornes, glissez une équerre combinée le long de la bordure jusqu'à ce que la lame de l'équerre s'appuie sur l'un des chambranles de la fenêtre. Faites une marque (voir l'illustration). Procédez de la même façon de l'autre côté du rebord.

2 Ajuster le rebord. Pendant que vous appuyez le rebord contre le cadrage, mesurez la distance entre le bord intérieur du rebord et le châssis de la fenêtre. Reportez cette mesure (moins 1,5 mm [1/16 po]) sur les marques que vous venez de faire à l'étape précédente, et tracez une ligne perpendiculaire à partir de chaque point jusqu'à l'extrémité du rebord. Coupez le rebord le long des lignes en vous servant d'une égoïne ou d'une scie sauteuse. Le rebord devrait maintenant bien s'ajuster à la fenêtre.

3 Clouer le rebord. Arrondissez les bords de la tablette avec du papier de verre avant de l'installer – n'oubliez pas d'arrondir aussi les extrémités des cornes. Clouez le rebord dans l'ossature de la fenêtre et enfoncez les clous à l'aide d'un chasse-clou. Si la corne d'un rebord est mince, vous pouvez clouer à travers le bord avant jusqu'au mur pour consolider ce rebord.

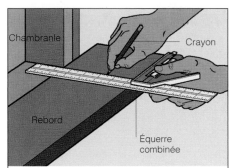

Chambranle

Crayon

Rebord

Équerre combinée

1 Appuyez l'équerre combinée sur les chambranles à chaque bout du rebord et tracez une ligne à partir de la face interne de chaque chambranle.

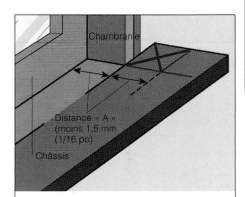

Chambranle

Distance « A » (moins 1,5 mm (1/16 po)

Châssis

2 Mesurez à partir du rebord jusqu'au châssis (distance A), puis reportez cette distance le long de la ligne précédemment tracée. Coupez la portion marquée d'un X et retirez-la.

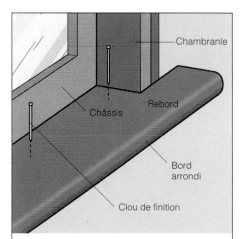

Chambranle

Châssis

Rebord

Bord arrondi

Clou de finition

3 Poncez les bords de la tablette, mettez-la en place et clouez à travers le seuil de la fenêtre avec des clous 8d à intervalles d'environ 25 cm (10 po).

Ajuster une fenêtre

L'ajustement d'une fenêtre est la dernière étape avant de la peindre. Ce processus implique l'installation du rebord, de l'allège et du cadrage (généralement dans cet ordre). Pour que chaque élément soit convenablement installé, l'élément précédent doit être installé au bon endroit.

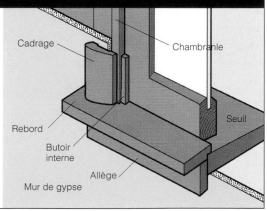

Cadrage

Chambranle

Rebord

Butoir interne

Allège

Seuil

Mur de gypse

Installer l'allège

L'allège est la partie de la fenêtre la plus simple à installer. Néanmoins, même ici, vous pouvez faire preuve d'un peu de créativité. La longueur de l'allège et la finition de ses extrémités sont à votre discrétion. Ces deux décisions relèvent de vos goûts personnels.

1 **Couper les extrémités.** Certains préfèrent que les extrémités des allèges s'alignent avec l'extérieur du cadrage, tandis que d'autres aiment mieux que ces extrémités le débordent légèrement. La distinction tient à quelques fractions de centimètres, mais peut faire toute une différence visuelle.

2 **La finition des extrémités.** Les extrémités d'une allège peuvent être simplement coupées à angle droit, puis poncées. C'est toujours une question de goût. Expérimentez pour savoir quelle combinaison vous plaît le plus.

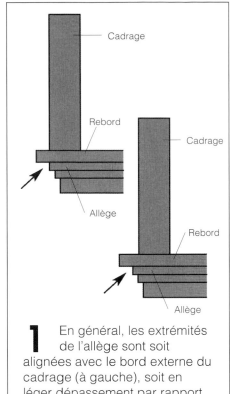

1 En général, les extrémités de l'allège sont soit alignées avec le bord externe du cadrage (à gauche), soit en léger dépassement par rapport au cadrage (à droite).

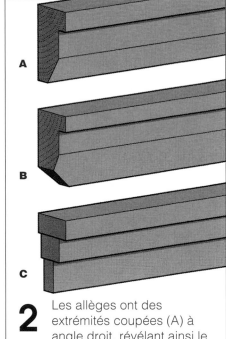

2 Les allèges ont des extrémités coupées (A) à angle droit, révélant ainsi le grain du bois ; (B) à angle droit avec les coins du bas tronqués, en exposant le grain du bois ; et (C) avec un retour empêchant le grain du bois de paraître.

Couper un retour d'allège

Couper un retour d'allège est une tâche qui prend beaucoup de temps, mais les menuisiers, spécialistes de la boiserie, considèrent celui-ci comme la marque d'un travail bien fait. Beaucoup d'autres pensent que c'est la plus belle méthode pour finir une allège. Comme le profil de la face de l'allège se continue sur le côté et fait un « retour » pour rencontrer la surface du mur, le grain du bois n'est pas exposé à la vue. Les côtés sont en tous points identiques à la face de l'allège. Les dessins qui suivent illustrent comment faire un retour. Notez que vous devrez répéter ces étapes pour les deux côtés de l'allège.

1 Coupez un onglet de 45 degrés dans la longueur, à un bout de l'allège.

2 Coupez un onglet de 45 degrés qui lui correspond dans un restant d'allège.

3 Placez ce restant d'allège la face contre la scie à onglets, et coupez le bout en onglet. Vous obtiendrez une petite pièce triangulaire d'allège que vous mettrez de côté pour le moment.

4 Clouez l'allège en place en dessous du rebord de la fenêtre, et collez le petit retour que vous venez de faire à l'étape 3 au bout de l'allège. Percez des trous et enfoncez de petits clous à tête perdue.

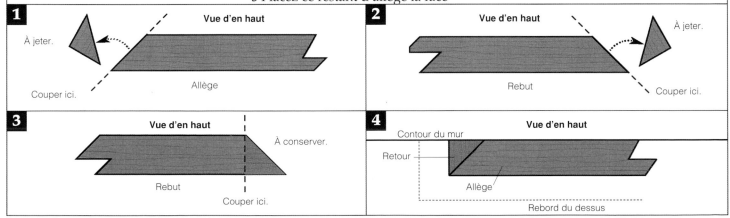

Installer des cadrages biseautés

Le cadrage de fenêtre est la partie la plus délicate à installer. Toute imperfection dans les joints est très visible pour quiconque s'approche d'assez près. Même si l'installation d'un cadrage de fenêtre demande beaucoup de patience, elle n'est toutefois pas difficile.

1 **Marquer les tableaux de baie.**
Après vous être assuré que les bords du chambranle étaient alignés avec le mur, marquez les tableaux sur les bords des chambranles, tout particulièrement aux coins. Un tableau de baie est un léger décalage entre la face interne du chambranle et le bord intérieur du cadrage. Il est plus facile d'installer les cadrages en n'essayant pas de les mettre en alignement parfait avec l'intérieur du chambranle – et la petite ligne d'ombre qui en résulte plaît à l'œil. Pour marquer les tableaux de baie, ajustez la lame de l'équerre combinée à la taille du tableau, et tracez un trait de crayon à chacun des coins ainsi qu'à plusieurs autres emplacements le long des chambranles. Certains menuisiers préfèrent utiliser une jauge à tableaux pour se guider durant la pose du cadrage. (Voir « Fabriquer et se servir d'une jauge à tableaux », page 65.)

2 **Marquer la tête du cadrage.**
Appuyez une longueur de cadrage contre les lignes de tableaux à la tête du chambranle, et marquez la base de chaque joint à onglets. Faites un trait à chaque bout du cadrage pour identifier la direction du joint. (Ce qui vous évitera, lorsque vous apporterez les boiseries pour les couper, de les scier à l'envers.)

3 **Couper la tête du cadrage.**
Coupez un angle de 45 degrés à chaque extrémité de la boiserie. La meilleure technique pour faire n'importe quelle coupe à onglets est de suivre les marques guides, en laissant une légère marque du crayon sur la tête du cadrage. Fixez la boiserie en l'alignant avec les marques de tableaux de baie.

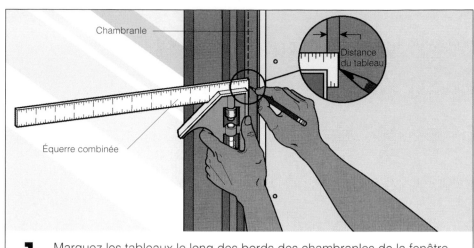

1 Marquez les tableaux le long des bords des chambranles de la fenêtre. Le tableau doit avoir une largeur d'environ 3 à 5 mm (1/8 à 3/16 po.)

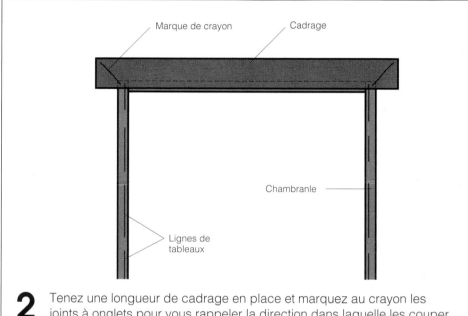

2 Tenez une longueur de cadrage en place et marquez au crayon les joints à onglets pour vous rappeler la direction dans laquelle les couper.

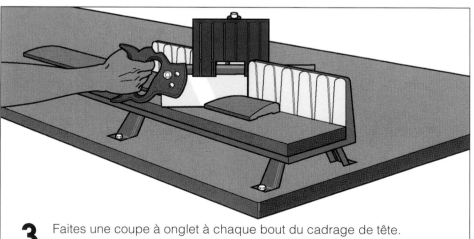

3 Faites une coupe à onglet à chaque bout du cadrage de tête.

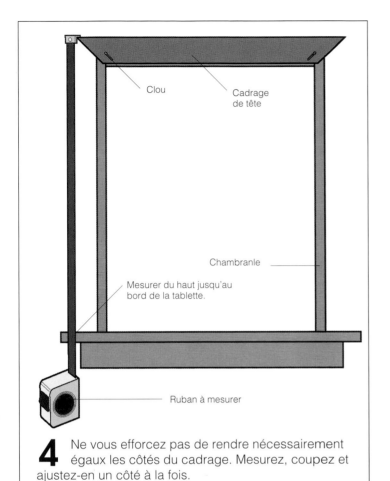

Clou

Cadrage de tête

Chambranle

Mesurer du haut jusqu'au bord de la tablette.

Ruban à mesurer

4 Ne vous efforcez pas de rendre nécessairement égaux les côtés du cadrage. Mesurez, coupez et ajustez-en un côté à la fois.

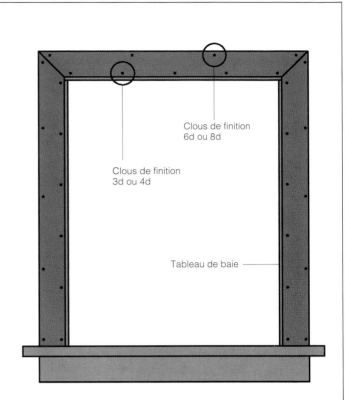

Clous de finition 6d ou 8d

Clous de finition 3d ou 4d

Tableau de baie

5 Clouez dans le chambranle. Dans la partie la moins épaisse du cadrage, les clous employés pourront être moins longs. À l'inverse, les clous plantés à travers le mur devront être plus longs.

4 **Marquer le côté du cadrage.** Chaque côté du cadrage aura, à une extrémité, une coupe à onglet et, à l'autre, une coupe aboutée. Faites d'abord la coupe à onglet. Mesurez ensuite de la pointe du cadrage de tête au rebord de la fenêtre, et reportez les mesures sur la boiserie afin d'avoir votre ligne de coupe pour le joint abouté.

5 **Couper et ajuster le côté du cadrage.** Lorsque vous faites la coupe aboutée, faites-la un peu plus longue pour vous donner une marge de manœuvre afin de mieux ajuster la boiserie. Vérifiez l'ajustement en alignant la boiserie avec les lignes de tableaux, et coupez une lamelle de bois dans le bas si nécessaire. Fixez la boiserie en place, et répétez le processus sur l'autre pièce de boiserie qui formera l'autre côté du cadrage. Ajustez au besoin la tête et les côtés du cadrage, puis clouez.

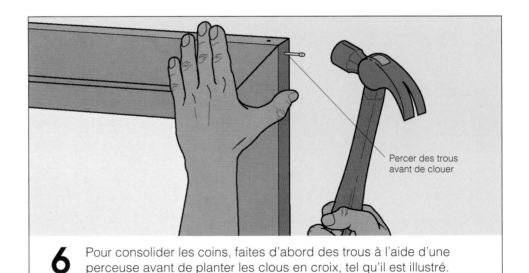

Percer des trous avant de clouer

6 Pour consolider les coins, faites d'abord des trous à l'aide d'une perceuse avant de planter les clous en croix, tel qu'il est illustré.

Enfoncez les clous sous la surface de la boiserie en vous servant d'un chasse-clou. Si vous avez d'autres cadrages de fenêtre à installer, attendez d'avoir fini tout le travail avant de boucher les trous.

6 **Consolider les coins.** Percez d'abord des trous à travers les coins du cadrage avant d'enfoncer des clous de finition 4d dans chacun des trous.

Ajuster un onglet

Dans un monde idéal, tous les joints à onglets s'ajusteraient parfaitement du premier coup. Mais dans la réalité, les coupes ne sont pas toujours parfaites, les murs ne sont pas toujours droits et les chambranles, pas toujours à angle droit non plus. Si vous faites face à l'un de ces problèmes, vos joints à onglets ne s'agenceront pas correctement, à moins que vous ne les ajustiez pour vous conformer à ce monde qui est loin d'être parfait.

Mettre une cale pour recouper. Vous pouvez changer l'angle de la scie pour recouper un onglet, mais il est beaucoup plus rapide d'ajouter une cale à la boiserie afin de changer l'angle de la scie.

Mettre une cale à la base de l'onglet. Une cale peut être installée pour fermer une ouverture à la base de l'onglet.

Mettre une cale à la pointe de l'onglet. Si l'ouverture se trouve à la pointe de l'onglet, vous devrez installer la cale de façon différente.

Mettre une cale derrière l'onglet. Si le joint à onglets ne s'ajuste pas parfaitement après que vous l'aurez recoupé, une cale très mince peut être installée à l'arrière du joint.

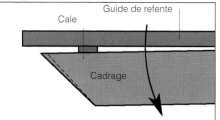

Mettre une cale à la base de l'onglet. Pour fermer une ouverture à la base du joint à onglets, placez la cale tel qu'il est indiqué.

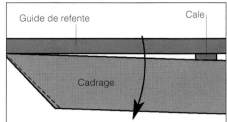

Mettre une cale à la pointe de l'onglet. Pour fermer une ouverture à la pointe du joint à onglets, placez la cale tel qu'il est indiqué.

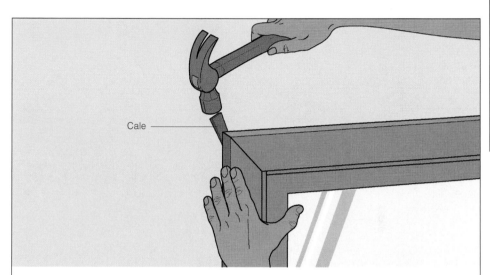

Mettre une cale derrière l'onglet. Utilisez une cale très mince placée derrière l'onglet pour arriver au bon alignement.

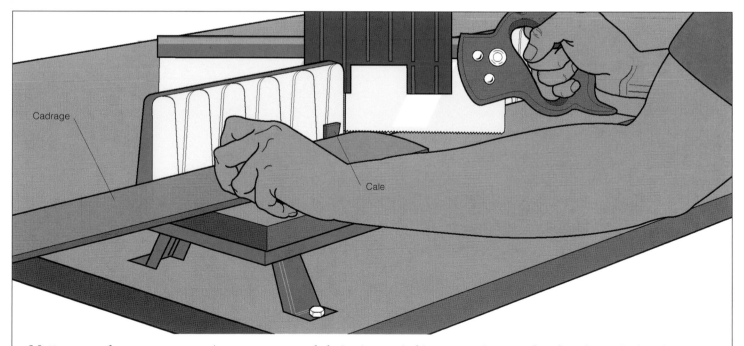

Mettre une cale pour recouper. Assurez-vous que la boiserie est très bien appuyée contre la cale et le guide de refente, afin d'éviter que la boiserie ne bouge.

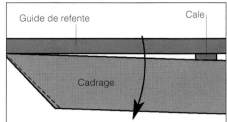

Installer un cadrage abouté

Les cadrages à onglets sont très répandus, mais ils sont loin d'être traditionnels. Beaucoup de styles de boiseries font appel à des assemblages qui n'utilisent jamais les joints à onglets. Ces styles sont connus sous plusieurs appellations, dont les plus élémentaires sont les cadrages assemblés ou à blocs de coin. Ces deux types de cadrages peuvent être utilisés pour les portes et les fenêtres d'intérieur. Les installations demandent aussi que l'on tienne compte des tableaux de baie.

Les cadrages assemblés

Des deux types de cadrages aboutés, le cadrage assemblé est le plus simple à installer par les néophytes. En fait, plusieurs trouvent l'installation de ce cadrage encore plus simple que le cadrage à joint à onglets, parce qu'une fois l'installation terminée les défauts en sont moins apparents. Le cadrage est habituellement fait d'une pièce de boiserie d'une épaisseur de 2 cm (3/4 po).

1 Installer le cadrage des côtés.
Marquez les tableaux de baie sur le chambranle (tête et côtés), comme vous le feriez pour un cadrage biseauté. Appuyez ensuite la boiserie contre le chambranle de côté, et marquez-la au tableau de baie du chambranle de tête (vous pourriez mesurer la distance, mais cette méthode est plus simple et plus précise). Faites une coupe à 90 degrés à cette marque, et clouez ensuite le cadrage en place. Répétez ces opérations de l'autre côté.

2 Installer le cadrage de tête. La première pièce des deux boiseries qui composent la tête du cadrage est de la même épaisseur que le cadrage de côté, mais plus étroit. Si le cadrage a une épaisseur de 2 cm (3/4 po), cette première pièce peut être d'une largeur d'environ 2 ,5 cm (1 po), bien que le choix de la largeur soit en grande partie une question de goût. Arrondissez les bords avec une ponceuse ou avec une cale à poncer. La seconde boiserie du cadrage de tête pourra être clouée au mur, au-dessus de la première boiserie.

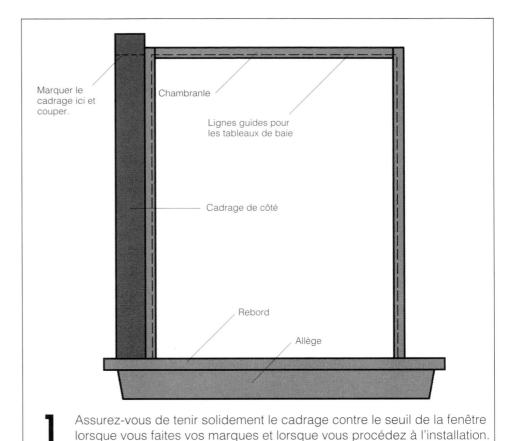

Marquer le cadrage ici et couper.

Chambranle

Lignes guides pour les tableaux de baie

Cadrage de côté

Rebord

Allège

1 Assurez-vous de tenir solidement le cadrage contre le seuil de la fenêtre lorsque vous faites vos marques et lorsque vous procédez à l'installation.

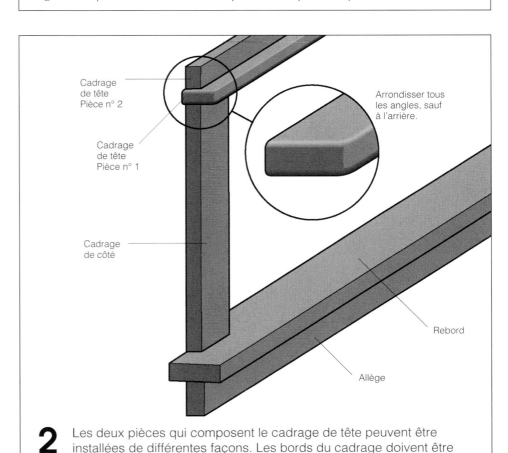

Cadrage de tête Pièce n° 2

Cadrage de tête Pièce n° 1

Arrondisser tous les angles, sauf à l'arrière.

Cadrage de côté

Rebord

Allège

2 Les deux pièces qui composent le cadrage de tête peuvent être installées de différentes façons. Les bords du cadrage doivent être arrondis à l'aide d'un papier de verre ou d'une ponceuse.

Les cadrage à blocs de coin

Plusieurs maisons d'inspiration victorienne arborent des blocs de coin à l'intersection de la tête et des côtés du cadrage de leurs portes et fenêtres. Ces rosaces décoratives peuvent être confectionnées sur mesure, ou bien vous pouvez vous les procurer chez un détaillant ou encore les commander par catalogue. Les côtés et la tête du cadrage sont assemblés aux rosaces par un joint abouté plutôt que par un joint à onglets. Les blocs doivent être légèrement plus épais que le cadrage pour cacher le grain du bois à l'extrémité du joint abouté.

1 Installer le cadrage des côtés.
Marquez les tableaux de baie sur la tête et les côtés du chambranle. Placez ensuite une pièce du cadrage contre le chambranle de côté et tracez un trait à l'endroit où le bas du chambranle de tête se situe. Faites une coupe à 90 degrés à cette marque sur la pièce de cadrage, et fixez ensuite le cadrage en place. Répétez l'opération de l'autre côté.

2 Installer les blocs de coin.
Chaque bloc de coin devrait s'appuyer bien droit au-dessus du cadrage de côté, son coin intérieur à égalité avec celui du chambranle. Percez deux avant-trous dans chacun des blocs et clouez-les. (En perçant les trous d'avance, vous réduirez les risques de fendre le bloc en le clouant.)

3 Installer le cadrage de tête.
Mesurez la distance entre les deux blocs de coin, et coupez une pièce de cadrage légèrement plus longue que nécessaire (pas plus de 1,5 mm [1/16 po]). Ajustez le cadrage de tête et recoupez un peu la pièce pour un meilleur ajustement (qui ne doit pas être serré au point de déplacer les blocs).

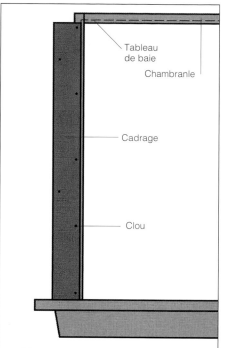

Tableau de baie

Chambranle

Cadrage

Clou

1 Fixez le cadrage du côté en place ; n'enfoncez pas les clous avant d'être satisfait de la position des blocs de coin. Ce qui vous donnera une certaine marge de manœuvre pour mieux les ajuster, si nécessaire.

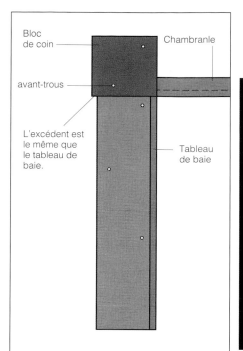

Bloc de coin

Chambranle

avant-trous

L'excédent est le même que le tableau de baie.

Tableau de baie

2 La partie du bloc de coin qui excède le cadrage de côté est habituellement de la même taille que le tableau de baie, mais c'est purement une question de goût personnel.

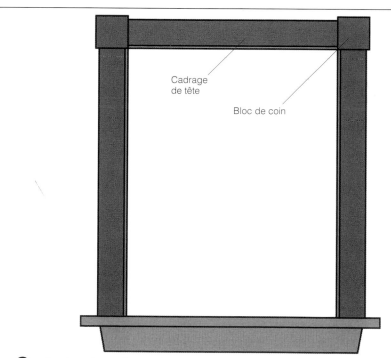

Cadrage de tête

Bloc de coin

3 Insérez le cadrage de tête entre les deux blocs de coin. L'installation se fera plus facilement sans abîmer les blocs de coin si vous avez eu la précaution de poncer légèrement l'arrière des extrémités du cadrage de tête.

Installer un cadrage de fenêtre sans rebord

Les fenêtres peuvent être dépourvues d'un rebord et d'une allège. C'est quelquefois le cas des fenêtres qui sont placées dans le haut d'un mur ou dans des vestibules, là où un rebord de fenêtre ne manquerait pas de réduire l'espace de dégagement. Les fenêtres en baie s'installent souvent sans rebord. Une portion de cadrage (opposée au cadrage de tête) est installée dans le bas pour couvrir l'espace entre le chambranle et le mur.

Installer un cadrage de fenêtre sans rebord requiert la même habileté que pour installer des cadrages ordinaires, quoique vous auriez alors à marquer les tableaux de baie sur les quatre chambranles au lieu de trois. Le cadrage peut être installé pièce par pièce, à peu près comme vous installeriez n'importe quel cadrage de fenêtre. Une méthode plus facile cependant consiste à couper et à assembler le « cadre » avant de l'installer sur le chambranle. Les coins des chambranles doivent être à 90 degrés ; vérifiez-les avec une équerre.

Installer un cadrage de fenêtre sans rebord. Comme vous pouvez le constater, cette fenêtre sans rebord ni allège présente un cadrage à onglets dans le bas.

1 Couper les onglets. Dessinez l'emplacement des tableaux de baie et mesurez la distance entre eux pour avoir les dimensions du cadrage. Coupez les quatre pièces de boiserie en angle de 45 degrés à chaque extrémité. Assemblez ensuite les quatre pièces de « l'encadrement », face au sol sur une surface bien plane.

2 Ajuster le cadrage. Après avoir posé deux agrafes à chaque coin, retournez doucement le cadrage et posez-le autour de la fenêtre.

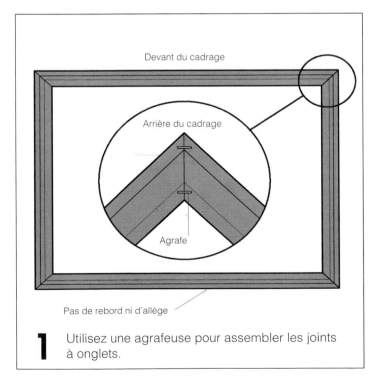

Devant du cadrage

Arrière du cadrage

Agrafe

Pas de rebord ni d'allège

1 Utilisez une agrafeuse pour assembler les joints à onglets.

2 Ajustez la position du cadrage de façon à ce qu'elle corresponde aux marques de tableaux à baie. Clouez le cadrage en place.

Ajuster un cadrage de porte

Si vous avez déjà installé des cadrages aux fenêtres, en installer aux portes devient un jeu d'enfant. Une porte requiert les mêmes opérations de mesures, de tableaux de baie, les mêmes joints à onglets et la même façon de clouer. (Voir « Installer des cadrages biseautés », page 59.) Si les cadres de vos fenêtres ont eu besoin de rallonges de chambranle, il est probable que vos portes en auront également besoin. Mais, contrairement aux fenêtres, vous n'aurez pas besoin d'installer de rebord ou d'allège et, plutôt que de mesurer le cadrage de côté jusqu'au rebord, vous devrez le faire jusqu'au plancher. Soulignons que les cadrages de porte (et quelquefois de fenêtre) s'installent avant toutes les autres boiseries. Tout simplement parce que les cimaises et les plinthes seront aboutées à ces cadrages – lesquels servent, en effet, de délimitation aux autres boiseries.

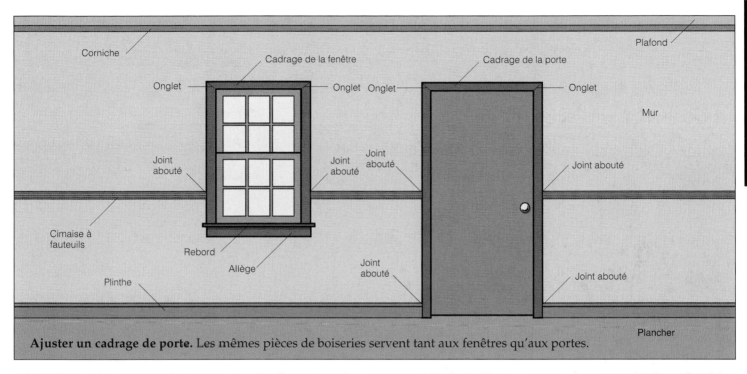

Ajuster un cadrage de porte. Les mêmes pièces de boiseries servent tant aux fenêtres qu'aux portes.

Fabriquer et se servir d'une jauge à tableaux

Beaucoup de gens utilisent une équerre combinée pour marquer les tableaux de baie sur les portes et les fenêtres, mais utiliser une jauge à tableaux artisanale est plus rapide. La jauge consiste simplement en un carré de bois récupéré et comportant un plus petit carré vissé sur le dessus. L'espace entre les deux carrés correspond exactement à la largeur du tableau de baie. Se servir de ce guide est plus rapide que se servir d'une équerre combinée pour marquer les tableaux de baie, et le guide s'utilise sur tous les chambranles de porte et de fenêtre.

1 Prenez un morceau de bois qui est parfaitement carré et servez-vous d'une équerre combinée pour marquer, sur une face du cube, les tableaux de baie.

Coupez ensuite un plus petit carré de bois de la dimension des tableaux de baie. Alignez le petit cube sur les lignes de tableaux du grand cube, et vissez les deux pièces.

2 Pour vous servir de la jauge, appuyez-la sur le chambranle, puis marquez les tableaux de baie et les joints aboutés sur celle-ci avant de fixer la boiserie.

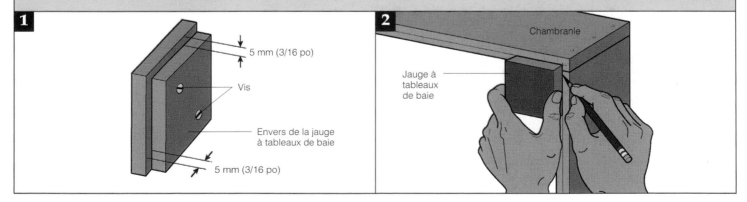

Mettre les chambranles à niveau

Il est particulièrement important de vous assurer que les chambranles des portes sont bien droits et d'équerre. Sinon, le côté plus long du chambranle accentuera toute imperfection. De plus, le cadrage d'une porte est probablement la boiserie qui attire le plus l'attention dans une maison, du fait que tous les visiteurs sont à même d'en constater de très près le moindre défaut.

Un chambranle bien installé se distingue par des côtés droits et d'aplomb, et un chambranle de tête qui est à niveau. La meilleure façon de vérifier que les côtés du chambranle sont bien d'aplomb est d'utiliser un niveau de 1,2 m (4 pi) (vous pouvez aussi utiliser un fil à plomb). Appuyez le niveau sur le côté du chambranle et vérifiez la bulle : si elle est centrée, le chambranle est à niveau. Toutefois, un chambranle à niveau n'est pas forcément droit ; il vous faudra donc vérifier s'il y a des espaces entre lui et votre niveau. Si vous n'avez pas de niveau assez long, utilisez-en un petit en l'installant contre une longue planche droite pour étendre sa portée.

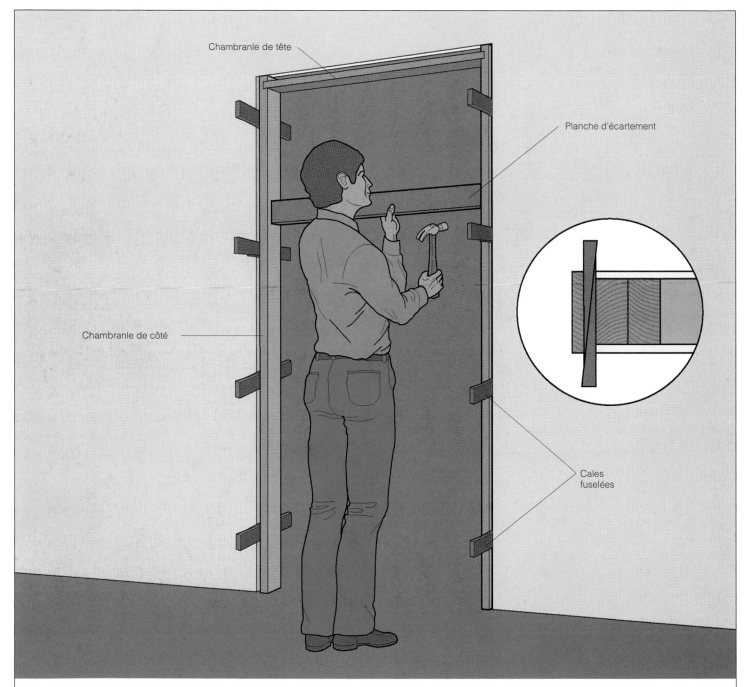

Chambranle de tête

Planche d'écartement

Chambranle de côté

Cales fuselées

Mettre les chambranles à niveau. Vous pouvez ajuster l'intérieur du chambranle en enfonçant des cales entre celui-ci et la charpente ; pour ajuster l'extérieur du chambranle, faites ressortir un peu les cales.

Installer un cadrage de porte biseauté

Il existe plusieurs manières d'assembler la tête aux côtés du cadrage d'une porte. La plus courante consiste à utiliser un joint à onglets en prenant tout simplement deux angles à 45 degrés assemblés pour former un angle de 90 degrés. Vous pouvez toujours utiliser d'autres joints d'assemblage, en fonction de votre habileté et du style architectural de votre maison.

1 **Faire le tableau de baie.** Le bord interne du cadrage doit être décalé d'environ 3 à 5 mm (1/8 à 3/16 po) du bord interne du chambranle. Le petit espace ainsi créé s'appelle un tableau de baie. Réglez l'équerre combinée à la dimension du tableau de baie que vous désirez, et utilisez-la pour guider votre crayon autour du chambranle en laissant une distance de 3 à 5 mm (1/8 à 3/16 po) du bord.

2 **Faire le premier onglet.** Coupez une longueur de cadrage droit à un bout. Placez ensuite le cadrage contre la ligne de tableau, le bout coupé droit contre le plancher. Marquez le cadrage à l'emplacement où les tableaux vertical et horizontal se rencontrent, et coupez un angle de 45 degrés à ce point.

3 **Faire le second onglet.** Clouez la première longueur de cadrage au chambranle avec des clous 3d ou 4d à intervalles de 30 cm (12 po). Coupez un angle de 45 degrés sur une autre longueur de boiserie, ajustez-le sur la tête du cadrage, marquez l'autre extrémité pour la couper à un angle de 45 degrés, coupez-la et installez la boiserie.

4 **Faire le dernier onglet.** Après avoir installé le cadrage de tête, coupez et installez la dernière boiserie.

5 **Enfoncer les clous.** Après avoir posé les clous dans le cadrage, enfoncez-les tous sous la surface du cadrage avec un petit marteau et un chasse-clou, puis bouchez les trous avec une pâte à bois. Poncez la surface lorsqu'elle aura séché.

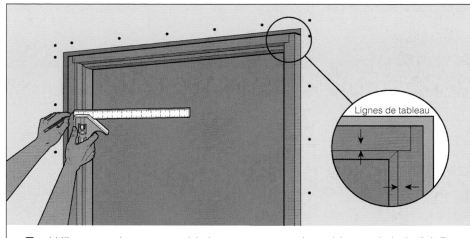

Lignes de tableau

1 Utilisez une équerre combinée pour marquer les tableaux de baie 3 à 5 mm (1/8 à 3/16 po) sur le chambranle.

2 Faites le joint à onglets à l'intersection des tableaux de baie du côté et de la tête du cadrage.

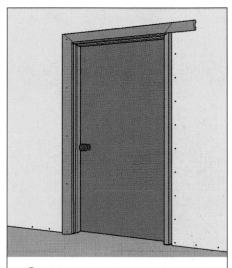

3 Marquez et coupez le cadrage de tête.

4 Marquez et coupez l'onglet de l'autre côté du cadrage.

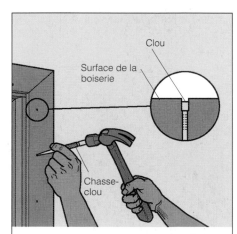

Clou

Surface de la boiserie

Chasse-clou

5 Enfoncez les clous sous la surface du cadrage en utilisant un marteau et un chasse-clou.

Installer des blocs de plinthes

Un détail que l'on trouve sur certaines portes mais jamais sur les fenêtres : les blocs de plinthes. Ces blocs décoratifs fournissent une transition entre le cadrage et la plinthe ; ils sont cloués au bas du chambranle de la porte et à la section du bas du mur. Lorsqu'une porte est ornée de blocs de plinthes ainsi que de blocs de coin, toutes les pièces sont assemblées par des joints aboutés – les joints à onglets ne sont pas nécessaires. Clouez en place les blocs de plinthes et de coin avec des clous de finition assez longs pour s'ancrer dans la charpente du mur. En général, des clous 8d ou 10d feront l'affaire. Enfoncez les clous à l'aide d'un chasse-clou, et bouchez ensuite les trous.

Le bas du cadrage de la porte s'aboute au haut du bloc de plinthe, tandis que la plinthe s'aboute sur son côté. Un bloc de plinthe devrait être un peu plus épais que le cadrage et que la plinthe. Ce qui permettra de cacher le grain du bois de ces boiseries. Le bloc devrait être un peu plus haut que la plinthe pour la même raison.

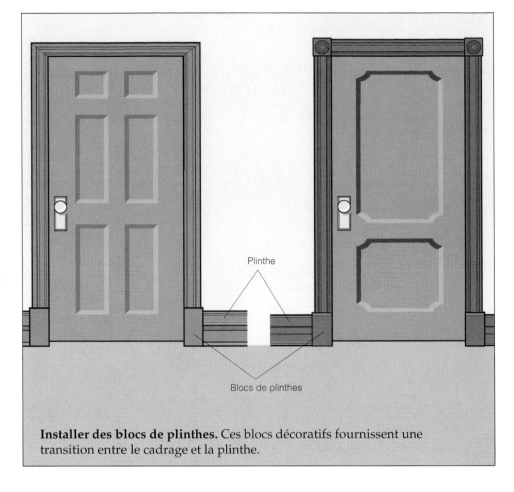

Plinthe

Blocs de plinthes

Installer des blocs de plinthes. Ces blocs décoratifs fournissent une transition entre le cadrage et la plinthe.

Couper un cadrage de porte existant

Au cours de nombreuses rénovations, il arrive que l'ancien plancher soit recouvert par un nouveau. Lorsque le nouveau plancher est plus épais que l'ancien, si l'on choisit un revêtement en bois dur ou carreaux de céramique par exemple, le cadrage de porte existant peut poser problème. Le bas du cadrage doit être coupé. À moins que vous ne décidiez de remplacer le cadrage au complet, coupez-le sur place au lieu de l'enlever. Vous pouvez le faire avec une scie à dos ou avec une scie spécialement conçue à cet effet. Quand vous saurez l'épaisseur du nouveau plancher, utilisez un bout de bois légèrement plus épais que le nouveau plancher comme guide de coupe pour le cadrage des portes.

Scie à dos

Cadrage

Bout de bois

Plancher

Soins à apporter aux cadrages extérieurs de portes et de fenêtres

Les soins à apporter aux cadrages de portes et fenêtres diffèrent selon que ceux-ci sont intérieurs ou extérieurs. La différence la plus importante, peut-être, est que les cadrages extérieurs n'ont pas qu'un rôle esthétique ; ils doivent aussi empêcher la pluie et le vent de pénétrer dans les murs. Il est important que vous utilisiez des matériaux séchés au four. Autrement, vous verrez apparaître beaucoup d'ouvertures aux joints, dues à la contraction du bois en séchant, et la peinture risque de cloquer à cause de l'humidité dégagée par le bois.

Lorsque vous installez des boiseries extérieures, prenez grand soin d'empêcher l'eau de pénétrer par les joints. Une solution efficace consiste à donner une bonne couche de fond sur les boiseries avant de les installer. Cette opération prolongera la vie de vos boiseries de quelques années. Si ces boiseries doivent être peintes, veillez à bien calfeutrer les joints.

Calfeutrer les portes et fenêtres

Après avoir installé tout cadrage de porte ou de fenêtre, assurez-vous de bien calfeutrer les bords externes du cadrage, entre le cadrage et le revêtement extérieur. Utilisez une pâte à calfeutrer de très bonne qualité pour l'extérieur. Le calfeutrage peut être fait avant ou après avoir peint. Vérifiez que les joints sont bien remplis.

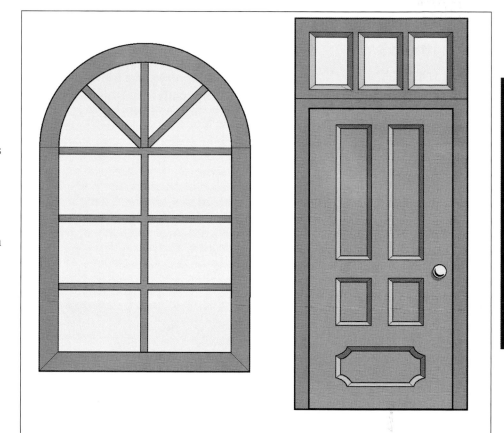

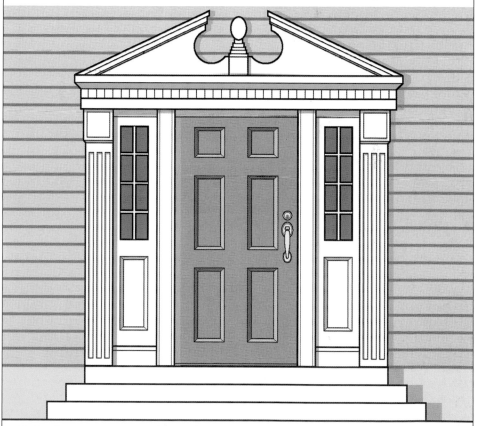

Soins à apporter aux cadrages extérieurs de portes et de fenêtres. La boiserie que vous choisirez donnera un certain style à votre résidence, comme vous pouvez le constater.

Installer des boiseries extérieures

Faire un cadrage de porte ou de fenêtre, qu'il soit extérieur ou intérieur, ne diffère pas beaucoup. Le cadrage s'installe à partir de la ligne de tableau de baie, sur le bord du chambranle, et la tête du cadrage s'assemble à partir de joints aboutés ou à onglets. Des clous à cadrage galvanisés fixeront la boiserie au chambranle de la fenêtre ainsi qu'au mur.

Moulure de brique. La moulure de brique est un type de cadrage utilisé uniquement pour l'extérieur. C'est une moulure assez carrée d'une épaisseur pouvant s'ajuster aux différentes épaisseurs des parements. Si la moulure de brique a un rebord décoratif, les côtés des pièces sont joints en onglets à la pièce de tête.

Boiserie plate. On utilise la boiserie plate, habituellement d'une épaisseur de 3 cm (1 1/4 po), pour les cadrages extérieurs afin de remplacer la moulure de brique. Cette boiserie est quelquefois appelée « moulure cinq quarts ». Elle est particulièrement indiquée avec les portes et fenêtres à aile car elle couvre cette dernière. Quelques fabricants recommandent de percer des trous à travers la boiserie et l'aile, avant de la clouer ; d'autres recommandent d'éviter de clouer l'aile. Calfeutrez les bords de la boiserie sur toute la longueur.

Moulure larmier. C'est une moulure qu'on ne voit plus que rarement de nos jours. Elle s'installe sur la tête du cadrage pour détourner l'eau. Elle se cloue à la tête du cadrage avec des clous de cadrage galvanisés. Une rainure sous la moulure entraîne l'eau à couler ailleurs que sur le chambranle et l'empêche de s'infiltrer entre le larmier et le chambranle. Une des raisons pour laquelle cette moulure n'est plus employée de nos jours, est que les fenêtres d'aujourd'hui ont des ailes intégrées qui font office de solin.

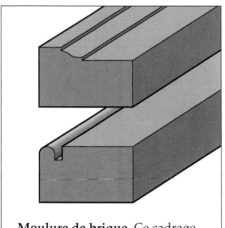

Moulure de brique. Ce cadrage est fixé par les fabricants aux bords externes des chambranles.

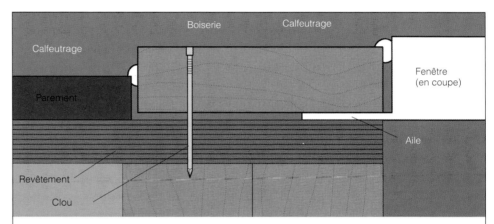

Boiserie plate. Utilisez une boiserie plate (quelquefois appelée « cinq quarts » ou 5/4 pour décrire son épaisseur) autour des portes et fenêtres à aile.

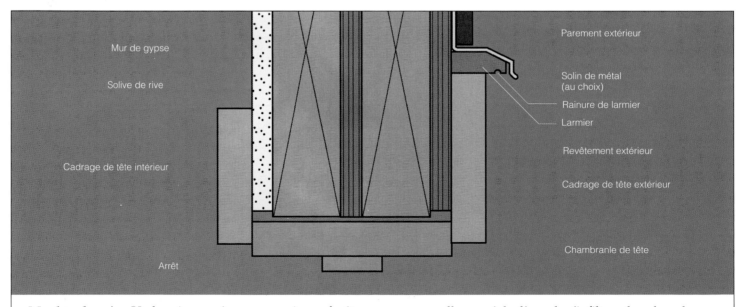

Moulure larmier. Un larmier, posé sur une ancienne fenêtre ou une nouvelle, empêche l'eau de s'infiltrer dans le cadrage.

touches finales

Avant de terminer

La dernière étape de l'installation d'une boiserie est de remplir les trous laissés par les clous que vous avez enfoncés. Bien que cette étape soit peut-être la partie la plus facile du travail, elle peut tourner au cauchemar si vous ne suivez pas certaines règles bien simples.

Ce qui exaspère beaucoup de débutants, c'est la ronde quasi sans fin du ponçage, remplissage et à nouveau, du ponçage. Ils ont l'impression de toujours avoir à reprendre le couteau à mastiquer et la pâte à bois pour boucher des trous. La solution est simple : ne bouchez aucun trou avant d'avoir terminé tout le travail et enfoncé tous les clous, sinon vous perdriez le compte des trous déjà bouchés et de ceux qui ne le sont pas. Il n'y a rien de plus frustrant que d'être dans l'escabeau en train de peindre pour vous apercevoir que vous avez oublié de boucher des trous.

Pendant que vous bouchez les trous, il est conseillé de bien examiner toutes les boiseries à la recherche de petites entailles ou aspérités – en vous en occupant maintenant, vous gagnerez un temps fou plus tard. Les entailles peuvent être remplies avec la même pâte que vous utilisez pour boucher les trous laissés par les clous ; les aspérités doivent être poncées. Plutôt que d'essayer de voir ces défauts avec vos yeux, promenez votre main sur la boiserie : de cette façon, vous sentirez beaucoup plus de défauts. Un autre truc consiste à promener une lumière sur la boiserie à un angle plutôt bas : tous les défauts seront accentués par les ombres ainsi projetées.

Remplir un trou

Le matériau utilisé pour boucher les trous porte plusieurs noms, dont celui de pâte à bois ou celui de bouche-pores. Les professionnels utilisent quant à eux un produit qui porte aussi le nom de bouche-pores, mais qui est liquide et qui n'a rien à voir avec les autres produits à boucher les trous. Quel que soit son nom, le produit en question est facile à utiliser. La plupart des produits, lorsqu'ils sont secs, peuvent être peints, vernis ou teints. La pâte à bois sèche rapidement, il faut donc prendre bien soin de refermer le bocal quand vous ne vous en servez pas.

1 Boucher. Choisissez un couteau à mastiquer dont la lame de 2,5 cm (1 po) est bien flexible. Retirez du contenant une petite quantité de pâte à bois en vous servant du couteau ; tenez le couteau à un angle de 30 degrés ; remplissez le trou avec un mouvement circulaire. Refaites le mouvement d'un autre angle pour bien enlever l'excédent de pâte à bois.

2 Inspecter. Lorsque les trous sont convenablement bouchés, leurs bords sont clairement visibles.

3 Faire la finition. Quand la pâte à bois est sèche (en moins de 15 minutes), vous devez poncer le tout. Elle est sèche lorsqu'elle devient plus pâle. Il n'est pas nécessaire d'utiliser une ponceuse électrique si le remplissage a été bien fait : un simple papier de verre suffira.

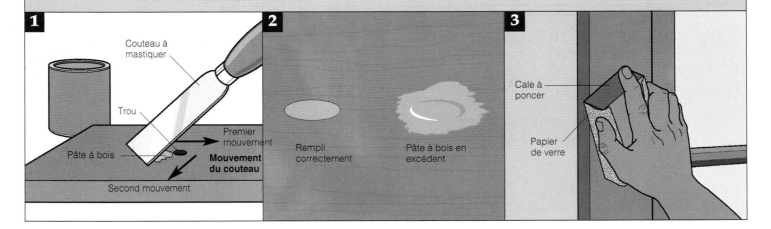

Ce qu'il faut éviter de faire en bouchant les trous

Avec un peu de pratique, il est très facile de boucher des trous. Il se peut même que vous vous mettiez à utiliser votre doigt en guise de couteau à mastiquer : évitez de le faire. Votre peau risque de creuser légèrement la pâte à bois en laissant une petite dépression qui ne pourra être convenablement poncée. Si vous n'avez pas de couteau à mastic, servez-vous d'une vieille carte de crédit.

Les débutants ont souvent tendance à mettre trop de pâte à bois (et inversement, à retirer assez de pâte à bois). La pâte à bois, lorsqu'elle est sèche, est aussi dure que le bois lui-même et n'est pas facile à poncer. Un excédent de pâte qui a séché ne signifie qu'une chose : vous devrez redoubler d'ardeur et utiliser beaucoup de papier de verre pour poncer le tout. Il est beaucoup plus simple d'enlever l'excédent de pâte à bois avant qu'elle ne sèche.

Faire la finition des boiseries

Poncer. Le bois utilisé pour faire des boiseries est habituellement sans nœuds et bien lisse. Mais quelquefois, vous voudrez lui donner un aspect encore plus lisse, en le ponçant avec un papier de verre grain 100 ou 120. Le grain du bois peut s'être légèrement soulevé sous l'influence de l'humidité ou, simplement, vous voulez un bois qui soit ultralisse. Quelquefois aussi, la surface du bois aura été marquée par les différentes opérations de transformation à la scierie. Ces imperfections appelées « marques de scierie » partent facilement au ponçage du moment qu'elles ne sont pas trop importantes. Quoi qu'il en soit, une boiserie au profil bien découpé doit être poncée à la main pour empêcher que ses arêtes ne s'arrondissent. Les parties plates d'une boiserie en revanche peuvent être poncées mécaniquement. Il existe trois ponceuses qui peuvent être utilisées à cette fin : la ponceuse à paume, la ponceuse vibrante et la ponceuse excentrique. Lorsque vous utilisez l'une ou l'autre de ces ponceuses, portez toujours un masque ou installez un sac à la ponceuse pour recueillir la sciure de bois.

Peindre. Une bonne couche de peinture, appliquée de façon experte, est la touche finale parfaite pour toute

boiserie ou moulure. De plus, la peinture protège le bois contre l'usure et la saleté. Les boiseries sont le plus souvent peintes avec un fini lustré ou semi-lustré. Ce qui les rend plus faciles à nettoyer et fait un beau contraste avec un mur qui a un autre fini. Il y a certaines règles à suivre pour faire un travail de peinture impeccable.

■ Faites des gestes amples et réguliers.

■ Appliquez la bonne quantité de peinture. Trop de peinture cachera les détails de la boiserie que vous voulez voir et fera des coulures ; trop peu créera un aspect qui ne sera pas homogène.

■ Utilisez des écrans protecteurs ou du ruban à masquer pour protéger les surfaces attenantes. Le ruban à masquer est un large ruban qui colle juste assez pour tenir en place et s'enlève beaucoup mieux que le ruban adhésif ordinaire.

Des livres ont été écrits pour décrire les diverses méthodes de peinture, et la constante évolution à la fois de la peinture et des outils rend futile toute généralisation à ce propos. Votre meilleur conseiller reste votre détaillant de peinture, qui saura vous fournir les toutes dernières informations dans ce domaine.

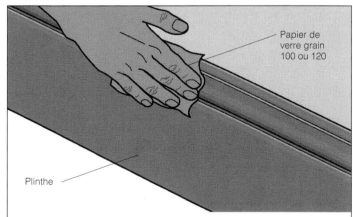

Papier de verre grain 100 ou 120

Plinthe

Poncer. Les boiseries aux multiples détails doivent être poncées à la main ; l'usage des ponceuses aurait pour effet d'arrondir les arêtes.

Ruban à masquer

Pinceau à encadrement

Peindre. Utilisez un ruban à masquer pour protéger le mur lorsque vous peignez le cadrage de la porte.

Réparer des boiseries endommagées

Si vous savez comment boucher un trou laissé par un clou, vous saurez réparer les boiseries endommagées. Les petites entailles ainsi que les trous laissés par des clous que vous avez enlevés se réparent avec de la pâte à bois. (Voir « Remplir un trou » page 72.)

Vous pouvez aussi utiliser de la pâte à bois pour remplir de plus grands trous. Commencez par enlever toute trace de poussière ou de fibre de bois qui pourrait s'y être accumulée. Appliquez deux couches de pâte à bois, en laissant sécher la première avant de poser la seconde. Lorsque la deuxième couche est sèche, poncez-la avec un papier grain 100, pour qu'elle soit à égalité avec la surface environnante. Le ponçage à la main est préférable, parce que la grande surface couverte par la pâte à bois encrasserait très rapidement le papier d'une ponceuse électrique. Si nécessaire, découpez les bords de la zone à l'aide d'un ciseau à bois. Les trous qui ont des rebords comme la mortaise peuvent être réparés de la même façon.

Si les dommages sont plus étendus et plus profonds que 3 mm (1/8 po), utilisez un mélange pour bois à base d'époxy (ce mélange est vendu dans les quincailleries et centres de bricolage) ou encore, utilisez une pièce de bois solide pour combler le trou. Recherchez une pièce de bois dont la forme s'apparente le plus possible à celle de la cavité.

1 **Dessiner la pièce de bois.** Coupez la pièce dans un morceau de bois récupéré. Elle doit être assez large pour couvrir le trou, et légèrement plus épaisse que la partie la plus profonde du trou. Dessinez la forme de la pièce sur le morceau de bois.

2 **Découper la pièce de bois.** Découpez la pièce de bois à l'aide d'une défonceuse à laquelle vous aurez installé une fraise à découpe droite, ou utilisez un ciseau à bois. Nettoyez ensuite les coins avec le ciseau à bois.

3 **Coller la pièce de bois.** Collez la pièce de bois en place. Lorsque la colle est sèche, poncez la pièce pour qu'elle soit à égalité avec la surface environnante.

4 **Faire la finition.** Enlevez toutes les particules de bois à l'aide d'un aspirateur. Mettez ensuite de la pâte à bois autour de la pièce de bois pour boucher tous les trous. Poncez lorsque la pâte à bois aura séché.

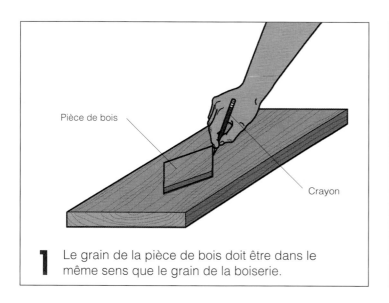

1 Le grain de la pièce de bois doit être dans le même sens que le grain de la boiserie.

Pièce de bois — Crayon

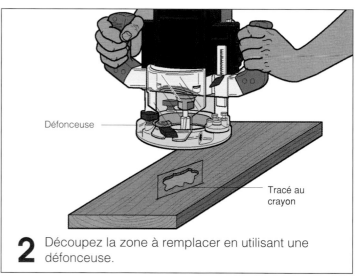

Défonceuse — Tracé au crayon

2 Découpez la zone à remplacer en utilisant une défonceuse.

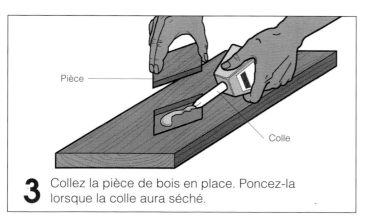

Pièce — Colle

3 Collez la pièce de bois en place. Poncez-la lorsque la colle aura séché.

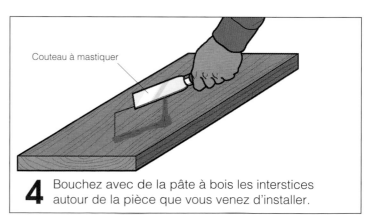

Couteau à mastiquer

4 Bouchez avec de la pâte à bois les interstices autour de la pièce que vous venez d'installer.

Retirer des plinthes

1 **Retirer un quart-de-rond.**
D'abord, vous devez retirer toute moulure qui recouvre la plinthe, comme le quart-de-rond par exemple. Vous trouverez que c'est bien difficile d'enlever le quart-de-rond sans le briser, mais c'est une moulure qui n'est pas très coûteuse à remplacer. Glissez un grattoir ou (encore mieux) un petit levier derrière la moulure, et décollez-la de la plinthe ou du plancher. (Vous devrez faire quelques essais pour savoir sur quelle surface le quart-de-rond a été cloué même si, en théorie, il devrait être cloué à la plinthe.)

2 **Retirer les clous.** Si vous avez de la difficulté à enlever la boiserie, enfoncez les clous à travers le bois à l'aide d'un chasse-clou et retirez-les après avoir enlevé la moulure. Vous pourrez boucher les trous plus tard.

3 **Dégager la plinthe à l'aide d'un levier.** Une plinthe n'est jamais aussi flexible qu'un quart-de-rond, ce qui la rend plus difficile à enlever mais moins encline à se casser durant l'opération. Commencez à un bout de la plinthe, idéalement à un endroit où elle joint un cadrage de porte (vous pouvez commencer à un coin, mais assurez-vous d'abord que vous n'essayerez pas de dégager l'extrémité aboutée d'un joint contre-profilé). Glissez ensuite un levier entre la plinthe et le mur, en prenant soin de ne pas endommager le mur ou le rebord fragile du haut de la plinthe. Glissez derrière le levier une petite pièce de bois récupérée afin de protéger le mur, puis décollez doucement la plinthe du mur. N'essayez pas de la dégager d'un coup, vous ne feriez que fendre le bois. Continuez plutôt à glisser le levier plus bas en dégageant la plinthe peu à peu.

4 **Retirer la plinthe du mur.**
Revenez à l'endroit où vous avez commencé, en haut de la plinthe, et glissez le levier vers le bas de celle-ci. Pour de meilleurs résultats, installez le levier près des zones clouées plutôt qu'au milieu. La plinthe devrait alors se décoller du mur.

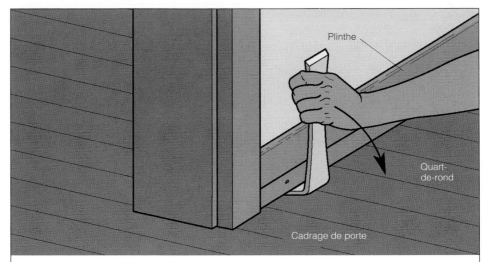

1 Prenez soin de ne pas trop forcer avec le levier, sinon vous risquez de briser la moulure.

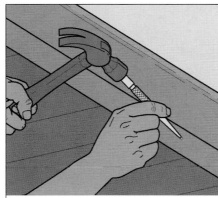

2 Si la moulure ne se décolle pas, servez-vous d'un chasse-clou pour enfoncer les clous à travers le bois avant d'enlever la moulure.

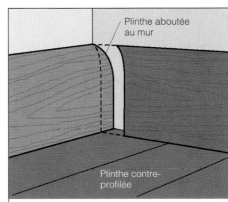

3 Pour enlever une plinthe dans un coin, enlevez d'abord la portion contre-profilée, et ensuite la portion aboutée.

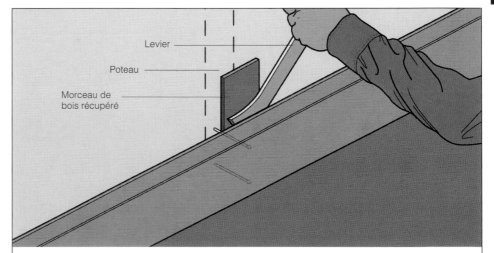

4 Décollez la plinthe du mur avec le levier que vous aurez placé le plus près possible des clous.

5 Touches finales

5 **Retirer une plinthe avec un morceau de bois et un marteau.** Une autre façon de retirer une plinthe est d'utiliser un levier tel que nous venons de le décrire, mais, lorsque la plinthe commence à se décoller, prenez un morceau de bois et un marteau pour frapper contre cette dernière. Quelquefois, les têtes de clous en ressortent ; vous pourrez alors les enlever à l'aide du levier.

6 **Caler la plinthe.** Vous pouvez aussi enlever la plinthe en enfonçant un morceau de bois entre le mur et celle-ci. Veillez seulement à utiliser un bardeau de bois ou quelque chose du genre en guise de cale.

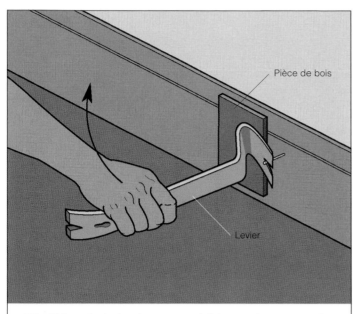

5 Si les têtes de clous sont visibles, retirez ceux-ci un à un en utilisant le levier : une pièce de bois protégeant la plinthe.

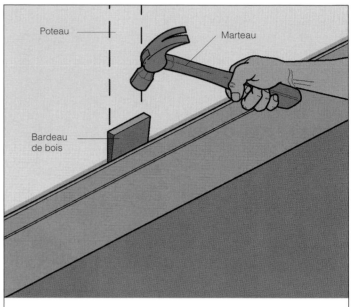

6 Un bardeau de bois glissé à l'arrière de la plinthe évite d'endommager le mur.

Remplacer une boiserie

Vous serez parfois en mesure de simplement réparer une portion de boiserie, mais dans certains cas, il faudra vous résoudre à remplacer une portion de boiserie abîmée. C'est le cas d'une boiserie extérieure pourrie ou endommagée par des parasites. De plus, remplacer une boiserie vous évitera le fastidieux travail d'enlever les couches de peinture accumulées au fil des années.

Toutefois, avant d'enlever une boiserie, posez-vous quelques questions.

■ La boiserie a-t-elle de l'âge ? Si oui, vous ne pourrez peut-être pas agencer la nouvelle avec la largeur et le modèle des boiseries avoisinantes. Ceci n'est toutefois pas un problème si vous devez changer toutes les boiseries d'une même pièce.

■ La boiserie est-elle en bois dur ? Les boiseries en bois dur sont un investissement majeur : vous devrez donc vous attendre à débourser un montant substantiel si vous planifiez de changer toutes les boiseries. Il vaut peut-être la peine d'envisager un long travail de décapage. Si le bois est peint, grattez une petite portion de la boiserie pour voir le bois nu.

■ La boiserie est-elle incurvée ? Remplacer un cadrage de tête qui coiffe une fenêtre à arche peut être coûteux et demander beaucoup de travail : il vaut peut-être mieux réparer cette boiserie plutôt que de la remplacer.

Mise en garde : Enlever les vieilles couches de peinture comporte certains risques pour la santé. Les anciennes peintures peuvent contenir du plomb, et les poncer peut libérer de la poussière chargée de particules de ce métal. Cette poussière est hautement toxique, tout particulièrement pour les enfants. Faites faire un test pour savoir si les couches de peinture contiennent du plomb, dans le cas où votre maison a été construite avant les années 1980.

Retirer les cadres de portes et de fenêtres

Les cadrages s'enlèvent souvent de la même manière que les plinthes – en les décollant graduellement du mur à l'aide d'un levier. Mais il vous faudra recourir à d'autres techniques, surtout pour retirer un cadrage extérieur. Parce qu'il est plus épais (habituellement de 3 cm [1 1/4 po]) et plus large que le cadrage intérieur, et aussi parce qu'il est cloué avec des clous galvanisés qui vous donneront un peu de difficulté pour les retirer.

Couper les clous. Si vous n'êtes pas capable de décoller le cadrage du mur avec un levier, vous pouvez par contre scier les clous d'un cadrage de porte ou de fenêtre. Glissez une lame de scie à métal entre la boiserie et le chambranle pour couper les tiges des clous. Après avoir retiré le cadrage, vous pourrez extraire le reste du clou avec des pinces, ou tout simplement l'enfoncer dans le chambranle à l'aide d'un marteau.

Retirer les clous d'assemblage. Les encoignures sont habituellement clouées ensemble avant d'être clouées au mur. Vous aurez donc peut-être à couper les clous d'assemblage avant de pouvoir décoller les planches avec

Lorsque vous enlevez une boiserie, vous courez de grandes chances que les clous viennent avec. Si vous ne comptez pas réutiliser le bois, recourbez les clous pour empêcher toute blessure, et débarrassez-vous promptement de la boiserie. Si vous comptez réutiliser le bois, la meilleure façon de retirer les clous est d'utiliser des pinces et de les ôter du bois. Les frapper à coup de marteau pour qu'ils ressortent de l'autre côté de la boiserie risque de fendre le bois et de faire un trou qui devra être bouché. Attrapez la tige du clou avec les pinces, et tirez en vous servant de celles-ci comme d'un levier.

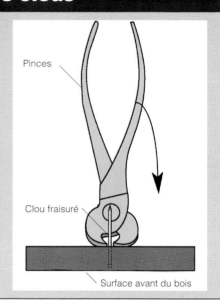

Pinces

Clou fraisuré

Surface avant du bois

un levier. Une méthode plus facile consiste à enfoncer les clous d'assemblage à travers le bois en utilisant un chasse-clou.

Retirer des clous. Une autre façon de retirer une boiserie, tout particulièrement si vous ne comptez pas la réutiliser, est de vous servir d'un pied-de-biche pour atteindre la tête d'un clou fraisuré.

Placez alors la tête fendue du pied-

de-biche au-dessus d'un clou. Frappez le pied-de-biche avec un marteau pour que l'arrache-clou pénètre selon un certain angle dans le bois. Vous devrez peut-être faire plusieurs tentatives. Utilisez ensuite l'outil comme levier pour enlever le clou. Le bois sera endommagé, n'utilisez donc cette technique que lorsque vous voulez remplacer la vieille boiserie par une nouvelle.

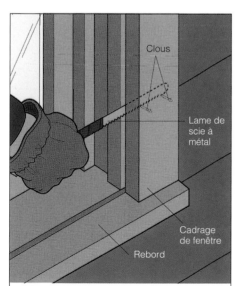

Clous

Lame de scie à métal

Cadrage de fenêtre

Rebord

Couper les clous. Entourez une partie de la lame d'une scie à métal de ruban adhésif très épais ou d'un manche de plastique pour protéger votre main, et portez des gants.

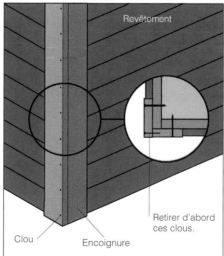

Revêtement

Retirer d'abord ces clous.

Clou

Encoignure

Retirer les clous d'assemblage. Pour retirer les clous d'assemblage, enfoncez-les à travers la pièce de bois du dessus avec un chasse-clou, ou bien utilisez une scie à métaux pour les couper.

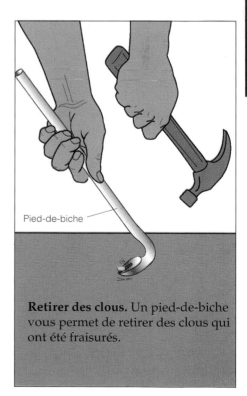

Pied-de-biche

Retirer des clous. Un pied-de-biche vous permet de retirer des clous qui ont été fraisurés.

5 Touches finales

Identifier la pourriture et les parasites

Des cycles incessants d'humidité et de sécheresse, des écarts considérables de température, l'effet corrosif de l'air salin – tout concourt à faire la vie dure aux divers matériaux qui servent à construire une maison, dont le bois. Ce dernier a d'autres ennemis spécifiques dont font partie les insectes et les champignons (un champignon est une plante sans feuilles qui se nourrit de matières organiques comme le bois). Les boiseries intérieures courent peu de risques d'être attaquées, mais il n'en va pas de même pour les boiseries extérieures. Particulièrement vulnérables sont les boiseries qui se situent près du sol, comme les seuils de portes, les encoignures et toutes les boiseries qui entourent les balcons ou les patios.

Prévention et diagnostic. Les insectes et les champignons qui s'attaquent au bois requièrent à peu près les mêmes conditions pour proliférer, quoique dans des proportions variables : de l'oxygène, des températures favorables, une source de nourriture et de l'humidité. Si vous éliminez une seule de ces conditions, vous rendrez la survie de ces petits organismes beaucoup plus difficile. De tous ces facteurs, le plus simple à régler est celui de l'humidité, il suffit souvent de calfeutrer les joints, d'éviter de mettre du bois en contact avec le sol et d'assurer une bonne ventilation. Un traitement chimique du bois empêche celui-ci de devenir une source de nourriture. Il est donc préférable d'utiliser du bois traité aux emplacements situés près du sol.

Il existe plusieurs manières de déterminer si vous avez ou non ce genre de problème. Vous serez peut-être à même de déceler certains signes avant-coureurs. Sinon, frappez le bois avec un marteau et soyez attentif au bruit sourd qui indique des dommages internes. Si vous pouvez introduire la pointe d'un tournevis sans effort dans le bois, c'est probablement un signe que le bois est infesté par des parasites ou des champignons. Consultez un professionnel pour déterminer le meilleur traitement à appliquer.

Ennemis du bois

Nom	Dommage	Comment l'identifier
Pourriture brune	La solidité du bois décline rapidement. Le champignon le plus courant dans les maisons.	Le bois est brun foncé, s'émiette et se brise en petits cubes.
Pourriture blanche	La solidité du bois décline lentement. Cette pourriture s'attaque aux bois durs.	Le bois a un aspect lessivé, spongieux, et des stries noires apparaissent dans la zone « lessivée ».
Pourriture molle	Le bois devient de plus en plus mou. Le phénomène se produit lorsque le bois est exposé à l'humidité pendant de longues périodes de temps.	Mêmes signes que pour la pourriture brune.
Mousse	N'affecte pas le bois directement, mais augmente sa perméabilité à l'humidité qui encourage la prolifération des champignons.	La surface du bois comporte des zones plus foncées, souvent noires, vertes ou jaunes. Si le bois décoloré semble sec, le champignon est probablement inactif. Ce dernier peut croître sur ou à travers une couche de peinture. Il se retrouve sur les parties ombragées d'une maison. Les taches peuvent être enlevées à l'eau de Javel ou en ponçant légèrement.
Termite à pattes jaunes	Insecte très destructeur. Il se nourrit de la fibre du bois, mais les dommages sont difficiles à voir à la surface même lorsque l'infestation est importante.	Il vit dans la terre, mais se déplace à plus de 35 m de son habitat pour se nourrir. Le signe le plus courant d'une infestation est un essaim de termites ailés qui s'agglutinent sur une partie de la maison. Recherchez aussi des tubes d'alimentation qui partent de la terre jusqu'au bois.
Fourmi gâte-bois	Ne se nourrit pas de bois, mais creuse des tunnels à travers le bois pourri pour y construire ses nids.	Observez tout rassemblement d'insectes à l'extérieur au printemps et, toute l'année, à l'intérieur. Recherchez les petits amoncellements de sciure de bois.
Lycte striée	S'attaque seulement aux bois durs. Le bois à brûler en chêne est une source d'infestation courante.	Elle laisse de minuscules petits tas de sciure de bois près du bois infesté. Attirée par la lumière, elle peut donc être trouvée sur les rebords de fenêtres. Elle laisse de petits trous dans le bois pouvant atteindre 1 à 2 mm de diamètre.

glossaire

Allège Pièce de boiserie placée au bas d'une fenêtre, sous le rebord.

Feuillure Moulure qui orne les bords externes d'un cadrage uni. Peut servir de coiffe de plinthe.

Coiffe de plinthe Moulure installée au-dessus d'une plinthe.

Moulure de parquet Moulure qui sert à cacher les interstices entre le plancher et la plinthe. Aussi utilisée pour couvrir les bords des carreaux de vinyle (lorsqu'ils sont installés sans avoir retiré la plinthe).

Plinthe Plinthe protège la partie inférieure du mur et couvre tous les interstices entre le mur et le plancher.

Lamelles Morceaux de bois comprimé en forme de ballon de football qui aident à solidifier un joint.

Blocs Cubes de bois qui jouxtent les poteaux pour augmenter la surface de clouage.

Moulure combinée Plusieurs moulures assemblées pour n'en faire qu'une seule. Le plus souvent utilisée comme moulure de plafond ou à l'extérieur.

Joint abouté Deux pièces de bois jointes par leurs extrémités coupées en travers.

Cadrage Boiserie qui sert à souligner l'intérieur et l'extérieur d'un cadre de porte ou de fenêtre.

Cimaise à fauteuils Moulure installée à une certaine hauteur pour empêcher que les murs ne soient endommagés par les dossiers de chaises. S'utilise aussi pour couvrir le haut des lambris.

Catégorie sélecte Planche ou boiserie qui n'a aucun nœud ni aucun autre défaut visible.

Joint à onglets combinés Coupe qui se fait en deux directions simultanément.

Coupe contre-profilée Coupe qui se fait à l'aide d'une scie à archet. La moulure comporte une coupe incurvée et une face coupée à 45 degrés.

Joint contre-profilé Coupe incurvée faite à travers le grain d'une moulure qui s'ajuste parfaitement au profil de l'extrémité d'une autre moulure, contre laquelle elle doit être aboutée.

Encoignure Moulure qui protège les coins saillants d'un mur de gypse ou de plâtre dans les endroits passants.

Gorge Moulure qui se pose aux coins rentrants entre deux panneaux. S'utilise aussi comme élément d'une corniche.

Coupe en travers Coupe droite en travers du grain du bois. Parce que le grain du bois est dans le sens de la longueur du bois, la coupe en travers se fait donc dans la largeur du bois.

Corniche Moulure très spectaculaire qui se pose à l'intersection du mur et du plafond.

Joint demi-bois Joint qui combine les joints à onglets, contre-profilé et abouté. Les joints demi-bois sont utilisés pour les moulures qui ont des coiffes pleinement arrondies.

Chambranle Surface intérieure d'une ouverture de fenêtre ou de porte.

Coupe à onglets Toute coupe faite en travers du grain du bois à un angle autre que 90 degrés pour assembler deux pièces de bois.

Retour biseauté Utilisé pour continuer le profil d'une boiserie sur le mur lorsque la boiserie ne rencontre pas l'extrémité d'une autre boiserie.

Joint à onglets Joint en coin formé par la coupe de l'extrémité de deux pièces de bois coupées à un même angle – souvent à 45 degrés.

Moulure Fine bande de bois qui est coupée et profilée pour former différentes configurations.

Meneau Boiserie centrale qui est utilisée entre deux ou plusieurs fenêtres très rapprochées.

Boiserie jointée Boiserie à peindre, faite de plusieurs petites longueurs de bois collées et assemblées (par un joint dit *à doigts de gants*) en une longue pièce de boiserie.

Cimaise à tableaux Moulure qui reçoit les crochets pour suspendre des tableaux et qui évite d'avoir à percer des trous pour cet usage.

Aplomb Ligne verticale droite par rapport à la surface horizontale à niveau.

Tableau de baie Portion du chambranle laissée à la vue aux rebords du cadrage d'une porte ou d'une fenêtre.

Moulure de polyuréthane Moulure aux formes variées, obtenue par extrusion. Cette moulure est légère, stable et peut se peindre.

S4S Acronyme anglais signifiant que les quatre faces d'une pièce de bois ont été aplanies.

Châssis Charpente dans laquelle la vitre d'une fenêtre est insérée. Les fenêtres à guillotine ont un châssis supérieur et un châssis inférieur.

Joint biseauté Coupe à 45 degrés faite en travers du grain du bois, employée pour joindre deux longueurs de moulure bout à bout.

Moulure de moustiquaire Moulure en demi-rond ou plate utilisée pour protéger les bords coupés de la moustiquaire clouée sur un cadre de bois.

Moulure de bord de tablette Boiserie qui recouvre la tranche exposée d'une tablette de contreplaqué ou de bois comprimé.

Cales Pièces de bois très minces (souvent en cèdre) utilisées pour mieux ajuster deux pièces de bois ensemble. Servent à combler l'espace entre la charpente et le rebord d'une fenêtre, par exemple.

Rebord La boiserie d'une fenêtre qui fait office de butoir pour le châssis intérieur et qui prolonge le seuil de la fenêtre dans la pièce.

Taquets Baguettes de bois clouées au chambranle des portes et des fenêtres pour en contrôler l'ouverture.

Poteau ou montant Élément vertical de la charpente d'un mur, habituellement placé à un intervalle de 40 cm (16 po) à partir du centre.

Boiserie Terme général pour décrire toute longueur de bois dans une maison qui ne fait pas partie de la charpente. Toute pièce de bois qui vise à rehausser l'apparence intérieure et extérieure d'un édifice.

Coiffe de lambris Moulure qui sert à couvrir le grain du bois des panneaux de bois lambrissés.

Lambris Des panneaux, de la peinture, du tissu ou de la tapisserie qui recouvrent la partie inférieure d'un mur intérieur.

index

Ville de Montréal

694.6
E

Feuillet de circulation

À rendre le

AOUT 2004	2008: 3x
2 5 SEP. 2004	2010: 1 X
2 3 OCT. 2004	
1 6 NOV. 2004	
1 4 DEC. 2004	
1 6 DEC. 2004	
0 1 FEV. 2005	
2 7 AVR. 2005	
2006-07: 7 fois	
2007: 2x	
2008: 0	

06.03.375-8 (01-03)